住房和城乡建设部“十四五”规划教材
高等职业教育活页式系列教材

室内供暖工程施工

王宇清 主编
边喜龙 主审

中国建筑工业出版社

图书在版编目（CIP）数据

室内供暖工程施工 / 王宇清主编 . —北京：中国建筑工业出版社，2021.11

住房和城乡建设部“十四五”规划教材　高等职业教育活页式系列教材

ISBN 978-7-112-26589-3

Ⅰ.①室…　Ⅱ.①王…　Ⅲ.①房屋—供热工程—工程施工—高等职业教育—教材　Ⅳ.① TU833

中国版本图书馆 CIP 数据核字（2021）第 188856 号

责任编辑：吕　娜　王美玲　聂　伟
责任校对：姜小莲

为了便于教学，作者特别制作了配套课件，任课教师可通过如下四种途径索取：

邮箱：jckj@cabp.com.cn；cabplvna@qq.com

电话：（010）58337285

建工书院 http://edu.cabplink.com

联系编辑

住房和城乡建设部“十四五”规划教材
高等职业教育活页式系列教材
室内供暖工程施工
王宇清　主编
边喜龙　主审
*
中国建筑工业出版社出版、发行（北京海淀三里河路 9 号）
各地新华书店、建筑书店经销
北京雅盈中佳图文设计公司制版
北京市密东印刷有限公司印刷
*
开本：787 毫米 ×1092 毫米　1/16　印张：11　字数：219 千字
2021 年 10 月第一版　2021 年 10 月第一次印刷
定价：**38.00** 元（赠教师课件）
ISBN 978-7-112-26589-3
（37803）

前言

活页式教材《室内供暖工程施工》满足国家职业技能标准的基本要求和工作要求，体现了专业教学标准中的培养目标、培养规格、专业核心课程的主要教学内容和校内实训基地的基本要求，对接“1+X”职业技能等级标准中的技能要求和知识要求。注重技术技能、职业素质方面的培养，培养学生的认知能力和合作能力，引导学生具备独立思考、逻辑推理、信息加工的素养，养成终身学习的意识和能力。

本教材将高校思想政治教育融入课程教学和改革的各环节、各方面，引领学生形成正确的世界观、人生观及价值观，引导学生自我管理，与他人合作，遵守、履行道德准则和行为规范。培养学生的创新能力和职业能力，树立爱岗敬业、精益求精的职业精神，践行知行合一，积极动手实践和解决实际问题。

“室内供暖工程施工”是供热通风与空调工程技术专业、建筑设备工程技术专业的一门主干专业课程。作者熟悉工作任务，详细编写工作过程、步骤和原理，指导并帮助学生进行学习。本教材将理论教材册和活页工单册相结合，理论教材册尽量减少冗余，活页工单册以过程性知识为主，陈述性知识为辅。学生操作的步骤，基本是实际工作任务过程。本教材素材全面，内容丰富，多手段、多渠道、多资源、少论述。教材中出现的信息化于段丰富多样，视频、动画，以及部分图表资源通过扫描二维码的方式多维度展现，增加了资源内容，尽量减少原理性的文字叙述，提高了学生的学习兴趣。本教材通俗易懂，适合课上课下、线上线下使用，让教材变成能学辅教的方式之一。

本教材是以任务为载体，按照真实工程项目以“工作过程”为导向编写的。全书共有 10 个实训项目，项目 1 供暖热负荷计算；项目 2 供暖系统方案确定；项目 3 供暖系统散热器选择和计算；项目 4 供暖系统管路水力计算；项目 5 室内供暖金属管道连接；项目 6 室内供暖非金属管道连接；项目 7 散热器试压、安装；项目 8 阀门安装；项目 9 支架制作安装；项目 10 管道防腐。

黑龙江建筑职业技术学院王宇清编写项目 1、项目 2、项目 3，黑龙江建筑职业技术学院付莹编写项目 4，黑龙江建筑职业技术学院毕轶编写项目 5，黑龙江建筑职业技术学院郑福珍编写项目 6、项目 7，东北林业大学土木工程学院国丽荣编写项目 8、项目 9，中国电子科技集团公司第四十九研究所肖钢编写项目 10。黑龙江建筑职业技术学院边喜龙主审，王宇清主编。

由于编者水平有限，本教材难免存在疏漏与不妥之处，敬请广大读者批评指正。

扫二维码
可看全书
数字资源

目 录

实训项目 1

供暖热负荷计算

实训目的

通过本次实践训练，使学生：

1. 掌握计算围护结构基本耗热量的方法；
2. 掌握计算围护结构附加（修正）耗热量的方法；
3. 掌握计算冷风渗透耗热量的方法；
4. 践行求真务实的工作作风。

实训内容

1. 计算围护结构基本耗热量训练；
2. 计算围护结构附加（修正）耗热量训练；
3. 计算冷风渗透耗热量训练。

实训步骤

01 查找设计原始资料

（1）气象资料

根据建设地点查阅有关资料，确定：

①供暖室外计算温度；

②冬季室外平均风速及最多风向平均风速；

③冬季主导风向；

④最大冻土深度。

（2）土建资料

根据建筑物所在区域总平面图及建筑物的平面图、剖面图及门窗明细表，分析建筑特点，了解建筑物各部位建筑材料的热工特性。

（3）热源资料

由单独设置的锅炉房向小区建筑物供暖；

由集中供热热网向小区建筑物供暖。

（4）热媒参数

小区建筑物供暖热媒为热水，确定设计供回水温度。

动画：外墙地面传热过程

02 供暖热负荷计算

（1）围护结构基本耗热量计算

①房间编号：按一定顺序将所需供暖房间编号。

②计算围护结构的基本耗热量：

微课：围护结构的基本传热耗热量

$$Q = KF\ (t_n - t_w')\ a \tag{1-1}$$

式中 K——围护结构的传热系数，[W/（m^2·℃）]。可直接查表 1-1；

F——围护结构的面积，（m^2）。可参考教材中围护结构传热面积的丈量方法计算传热面积；

t_n——冬季室内计算温度，（℃）。可根据房间用途和建筑物等级查表 1-2；

t_w'——供暖室外计算温度，（℃）。应采用历年平均不保证 5 天的日平均温度，可根据建筑物所在地区查表 1-3；

a——围护结构的温差修正系数，可根据供暖房间的外围护结构是否直接与室外空气接触，中间是否隔着不供暖的房间或空间，查表 1-4。

微课：围护结构传热系数的计算

将房间围护结构按材料、结构类型、朝向及室内外温差的不同，划分成不同的部分，整个房间的基本耗热量等于各部分围护结构耗热量的总和。此外，如果两个相邻房间的温差大于或等于5℃时，应计算通过隔墙和楼板的传热量。

常用围护结构的传热系数K值 表1-1

类型	K	类型	K
A. 门		金属框　单层	6.40
实体木制外门　单层	4.65	双层	3.26
双层	2.33	单框二层玻璃窗	3.49
带玻璃的阳台外门　单层（木框）	5.82	商店橱窗	4.65
双层（木框）	2.68	C. 外墙	
单层（金属框）	6.40	内表面抹灰砖墙　24砖墙	2.03
双层（金属框）	3.26	37砖墙	1.57
单层内门	2.91	49砖墙	1.27
B. 外窗及天窗		D. 内墙	
木框　单层	5.82	（双面抹灰）12砖墙	2.31
双层	2.68	24砖墙	1.72

居住及公共建筑物供暖室内计算温度t_n 表1-2

序号	房间名称	室内温度（℃）		序号	房间名称	室内温度（℃）	
		一般	上下范围			一般	上下范围
一、居住建筑				2	手术室及产房	25	22~26
1	饭店、宾馆的卧室与起居室	20	18~22	3	X光室及理疗室	20	18~22
2	住宅、宿舍的卧室与起居室	18	16~20	4	治疗室	20	18~22
3	厨房	10	5~15	5	体育疗法	18	16~20
4	门厅、走廊	16	14~16	6	消毒室、绷带保管室	18	16~18
5	浴室	25	21~25	7	手术、分娩准备室	22	20~22
6	盥洗室	18	16~20	8	儿童病房	22	20~22
7	公共厕所	15	14~16	9	病人厕所	20	18~22
8	厨房的储藏室	5	可不采暖	10	病人浴室	25	21~25
9	楼梯间	14	12~14	11	诊室	20	18~20
二、医疗建筑				12	病人食堂、休息室	20	18~22
1	病房（成人）	20	18~22	13	日光浴室	25	

续表

序号	房间名称	室内温度（℃）		序号	房间名称	室内温度（℃）	
		一般	上下范围			一般	上下范围
14	医务人员办公室	18	18~20	6	百货仓库	12	
15	工作人员厕所	16	14~16	7	其他仓库	8	5~10
三、幼儿园、托儿所				七、体育建筑			
1	儿童活动室	18	16~20	1	比赛厅（体操除外）	16	14~20
2	儿童厕所	18	16~20	2	休息厅	16	
3	儿童盥洗室	18	16~20	3	练习厅（体操除外）	16	16~18
4	儿童浴室	25		4	运动员休息室	20	18~22
5	婴儿室、病儿室	20	18~22	5	运动员更衣室	22	
6	医务室	20	18~22	6	游泳馆、室内游泳池	26	25~28
四、学校				八、图书资料馆建筑			
1	教室、学生宿舍	16	16~18	1	书报资料库	16	15~18
2	化学实验室、生物室	16	16~18	2	阅览室	18	16~20
3	其他实验室	16	16~18	3	目录厅、出纳厅	16	16~18
4	礼堂	16	15~18	4	特藏库	20	18~22
5	体育馆	15	13~18	5	胶卷库	15	12~18
6	医务室	18	16~20	6	展览厅、报告厅	16	14~18
7	图书馆	16	16~18	九、公共饮食建筑			
五、影剧院				1	餐厅、小吃部	16	14~18
1	观众厅	16	14~18	2	休息厅	18	16~20
2	休息厅	16	14~18	3	厨房（加工部分）	16	
3	放映室	15	14~16	4	厨房（烘烤部分）	5	
4	舞台（芭蕾舞除外）	18	16~18	5	干货储存	12	
5	化妆室（芭蕾舞除外）	18	16~20	6	菜储存	5	
6	吸烟室	14	12~16	7	酒储存	12	
7	售票处（大厅）	12	12~16	8	小冷库		
	售票处（小房间）	18	16~18		水果、蔬菜、饮料	4	
六、商业建筑					食品剩余	2	
1	商店营业室（百货、书籍）	15	14~16	9	洗碗间	20	
2	副食商店营业室（油盐杂货）	12	12~14	十、洗衣房			
3	鱼肉、蔬菜营业室	10		1	洗衣车间	15	14~16
4	鱼肉、蔬菜储藏室	5		2	烫衣车间	10	8~12
5	米面储藏室	10		3	包装间	15	

续表

序号	房间名称	室内温度（℃）		序号	房间名称	室内温度（℃）	
		一般	上下范围			一般	上下范围
4	接收衣服间	15			技术用房	20	18~22
5	取衣处	15			布景、道具加工间	16	16~18
6	集中衣服处	10		十三、生活服务建筑			
7	水箱间	5		1	衣服、鞋帽修理店	16	16~18
十一、澡堂、理发馆				2	钟表、眼镜修理店	18	18~20
1	更衣	22	20~25	3	电视机、收音机修理店	18	18~20
2	浴池	25	24~28	4	照相馆		
3	淋浴室	25			摄影室	18	
4	浴池与更衣之间的门斗	25			洗印室（黑白）	18	18~20
5	蒸汽浴室	40			洗印室（彩色）	18	18~20
6	盆塘	25		十四、公共建筑的共同部分			
7	理发室	18		1	门厅、走道	14	14~18
8	消毒室			2	办公室	18	16~18
	干净区	15		3	厨房	10	5~15
	脏区	15		4	厕所	16	14~16
9	烧火间	15		5	电话机房	18	18~20
十二、交通、通信建筑				6	配电间	18	16~18
1	火车站			7	通风机房	15	14~16
	候车大厅	16	14~16	8	电梯机房	5	
	售票、问讯（小房间）	16	16~18	9	汽车库（停车场、无修理间）	5	5~10
	机场候机厅	20	18~20	10	小型汽车库（一般检修）	12	10~14
2	长途汽车站	16	14~16	11	汽车修理间	14	12~16
3	广播、电视台			12	地下停车库	12	10~12
	演播室	20	20~22	13	公共食堂	16	14~16

室外气象参数 表 1–3

市 / 区 / 自治州		北京	天津	塘沽	石家庄	唐山	邢台	保定	张家口
台站名称及编号		北京	天津	塘沽	石家庄	唐山	邢台	保定	张家口
		54511	54527	54623	53698	54534	53798	54602	54401
台站信息	北纬	39°48′	39°05′	39°00′	38°02′	39°40′	37°04′	38°51′	40°47′
	东经	116°28′	117°04′	117°43′	114°25′	118°09′	114°30′	115°31′	114°53′
	海拔（m）	31.3	2.5	2.8	81	27.8	76.8	17.2	724.2
	统计年份	1971~2000	1971~2000	1971~2000	1971~2000	1971~2000	1971~2000	1971~2000	1971~2000
年平均温度（℃）		12.3	12.7	12.6	13.4	11.5	13.9	12.9	8.8
室外计算温、湿度	供暖室外计算温度（℃）	–7.6	–7.0	–6.8	–6.2	–9.2	–5.5	–7.0	–13.6
	冬季通风室外计算温度（℃）	–3.6	–3.5	–3.3	–2.3	–5.1	–1.6	–3.2	–8.3
	冬季空气调节室外计算温度（℃）	–9.9	–9.6	–9.2	–8.8	–11.6	–8.0	–9.5	–16.2
	冬季空气调节室外计算相对湿度（%）	44	56	59	55	55	57	55	41.0
	夏季空气调节室外计算干球温度（℃）	33.5	33.9	32.5	35.1	32.9	35.1	34.8	32.1
	夏季空气调节室外计算湿球温度（℃）	26.4	26.8	26.9	26.8	26.3	26.9	26.6	22.6
	夏季通风室外计算温度（℃）	29.7	29.8	28.8	30.8	29.2	31.0	30.4	27.8
	夏季通风室外计算相对湿度（%）	61	63	68	60	63	61	61	50.0
	夏季空气调节室外计算日平均温度（℃）	29.6	29.4	29.6	30.0	28.5	30.2	29.8	27.0
风向、风速及频率	夏季室外平均风速（m/s）	2.1	2.2	4.2	1.7	2.3	1.7	2.0	2.1

续表

风向、风速及频率	夏季最多风向	C SW	C S	SSE	C S	C ESE	C SSW	C SW	C SE
	夏季最多风向的频率（%）	18 10	15 9	12	26 13	14 11	23 13	18 14	19 15
	夏季室外最多风向的平均风速（m/s）	3.0	2.4	4.3	2.6	2.8	2.3	2.5	2.9
	冬季室外平均风速（m/s）	2.6	2.4	3.9	1.8	2.2	1.4	1.8	2.8
	冬季最多风向	C N	C N	NNW	C NNE	C WNW	C NNE	C SW	N
	冬季最多风向的频率（%）	19 12	20 11	13	25 12	22 11	27 10	23 12	35.0
	冬季室外最多风向的平均风速（m/s）	4.7	4.8	5.8	2	2.9	2.0	2.3	3.5
	年最多风向	C SW	C SW	NNW	C S	C ESE	C SSW	C SW	N
	年最多风向的频率（%）	17 10	16 9	8	25 12	17 8	24 13	19 14	26
冬季日照百分率（%）		64	58	63	56	60	56	56	65.0
最大冻土深度（cm）		66	58	59	56	72	46	58	136.0
大气压力	冬季室外大气压力（hPa）	1021.7	1027.1	1026.3	1017.2	1023.6	1017.7	1025.1	939.5
	夏季室外大气压力（hPa）	1000.2	1005.2	1004.6	995.8	1002.4	996.2	1002.9	925.0
设计计算用供暖期天数及其平均温度	日平均温度≤ +5℃的天数	123	121	122	111	130	105	119	146
	日平均温度≤ +5℃的起止日期	11.12~03.14	11.13~03.13	11.15~03.16	11.15~03.05	11.10~03.19	11.19~03.03	11.13~03.11	11.03~03.28
	平均温度≤ +5℃期间内的平均温度（℃）	–0.7	–0.6	–0.4	0.1	–1.6	0.5	–0.5	–3.9
	日平均温度≤ +8℃的天数	144	142	143	140	146	129	142	168.0
	日平均温度≤ +8℃的起止日期	11.04~03.27	11.06~03.27	11.07~03.29	11.07~03.26	11.04~03.29	11.08~03.16	11.05~03.27	10.20~04.05
	平均温度≤ +8℃期间内的平均温度（℃）	0.3	0.4	0.6	1.5	–0.7	1.8	0.7	–2.6
极端最高气温（℃）		41.9	40.5	40.9	41.5	39.6	41.1	41.6	39.2
极端最低气温（℃）		–18.3	–17.8	–15.4	19.3	–22.7	–20.2	–19.6	–24.6

续表

市 / 区 / 自治州		哈尔滨	齐齐哈尔	鸡西	鹤岗	伊春	佳木斯	牡丹江	双鸭山
台站名称及编号		哈尔滨	齐齐哈尔	鸡西	鹤岗	伊春	佳木斯	牡丹江	宝清
		50953	50745	50978	50775	50774	30873	54094	50888
台站信息	北纬	45°45′	47°23′	45°17′	47°22′	47°44′	46°49′	44°34′	46°19′
	东经	126°46′	123°55′	130°57′	130°20′	128°55′	130°17′	129°36′	132°11′
	海拔（m）	142.3	145.9	218.3	227.9	240.9	81.2	241.4	83.0
	统计年份	1971~2000	1971~2000	1971~2000	1971~2000	1971~2000	1971~2000	1971~2000	1971~2000
年平均温度（℃）		4.2	3.9	4.2	3.5	1.2	3.5	4.3	4.1
室外计算温、湿度	供暖室外计算温度（℃）	−24.2	−23.8	−21.5	−22.7	−28.3	−24.0	−22.4	−23.2
	冬季通风室外计算温度（℃）	−18.4	−18.6	−16.4	−17.2	−22.5	−18.5	−17.3	−17.5
	冬季空气调节室外计算温度（℃）	−27.1	−27.2	−24.4	−25.3	−31.3	−27.4	−25.8	−26.4
	冬季空气调节室外计算相对湿度（%）	73	67	64	63	73	70	69	65
	夏季空气调节室外计算干球温度（℃）	30.7	31.1	30.5	29.9	29.8	30.8	31.0	30.8
	夏季空气调节室外计算湿球温度（℃）	23.9	23.5	23.2	22.7	22.5	23.6	23.5	23.4
	夏季通风室外计算温度（℃）	26.8	26.7	26.3	25.5	25.7	25.6	26.9	26.4
	夏季通风室外计算相对湿度（%）	62	58	61	62	60	61	59	61
	夏季空气调节室外计算日平均温度（℃）	26.3	25.7	25.7	25.6	24.0	26.0	25.9	26.1
风向、风速及频率	夏季室外平均风速（m/s）	3.2	3.0	2.3	2.9	2.0	2.8	2.1	3.1
	夏季最多风向	SSW	SSW	C WNW	C ESE	C ENE	C WSW	C WSW	SSW
	夏季最多风向的频率（%）	12.0	10	22 11	11 11	20 11	20 12	18 14	18

续表

风向、风速及频率	夏季室外最多风向的平均风速（m/s）	3.9	3.8	3.0	3.2	2.0	3.7	2.6	3.5
	冬季室外平均风速（m/s）	3.2	2.6	3.5	3.1	1.8	3.1	2.2	3.7
	冬季最多风向	SW	NNW	WNW	NW	C WNW	CW	C WSW	C NNW
	冬季最多风向的频率（%）	14	13	31	21	30 16	2119	27 13	1814
	冬季室外最多风向的平均风速（m/s）	3.7	3.1	4.7	4.3	3.2	4.1	2.3	6.4
	年最多风向	SSW	NNW	WNW	NW	C WNW	C WSW	C WSW	SSW
	年最多风向的频率（%）	12	10	20	13	22 13	18 15	20 14	14
冬季日照百分率（%）		56	58	53	63	58	57	56	61
最大冻土深度（cm）		205	209	238	221	278	220	191	260
大气压力	冬季室外大气压力（hPa）	1004.2	1005.0	991.9	991.3	991.8	1011.3	992.2	1010.5
	夏季室外大气压力（hPa）	987.7	987.9	979.7	979.5	978.5	995.4	978.9	996.7
设计计算用供暖期天数及其平均温度	日平均温度≤+5℃的天数	176	181	179	184	190	180	117	179
	日平均温度≤+5℃的起止日期	10.17~04.10	10.15~04.13	10.17~04.13	10.14~04.15	10.10~04.17	10.16~04.13	10.17~04.11	10.17~04.13
	平均温度≤+5℃期间内的平均温度（℃）	-9.4	-9.5	-8.3	-9.0	-11.8	-9.5	-8.6	-8.9
	日平均温度≤+8℃的天数	195	198	195	206	212	198	194	194
	日平均温度≤+8℃的起止日期	10.08~04.20	10.06~04.21	10.08~04.21	10.04.~04.27	09.30~04.29	10.06~04.21	10.09~04.20	10.10~04.21
	平均温度≤+8℃期间内的平均温度（℃）	-7.8	-8.1	-7.0	-7.3	-9.9	-8.1	-7.3	-7.7
极端最高气温（℃）		36.7	40.1	37.6	37.7	36.3	38.1	38.4	37.2
极端最低气温（℃）		-37.7	-36.4	-32.5	-34.5	-41.2	-39.5	-35.1	-37.0

续表

市 / 区 / 自治州		承德	秦皇岛	锦州	营口	阜新	铁岭	朝阳	葫芦岛
台站名称及编号		承德	秦皇岛	锦州	营口	阜新	开原	朝阳	兴城
		54423	54449	54337	54471	54237	54254	54324	54455
台站信息	北纬	40°58′	39°56′	41°08′	40°40′	42°05′	42°32′	41°33′	40°35′
	东经	117°56′	119°36′	121°07′	122°16′	121°43′	124°03′	120°27′	120°42′
	海拔（m）	377.2	2.6	65.9	3.3	166.8	98.2	169.9	8.5
	统计年份	1971~2000	1971~2000	1971~2000	1971~2000	1971~2000	1971~2000	1971~2000	1971~2000
年平均温度（℃）		9.1	11.0	9.5	9.5	8.1	7.0	9.0	9.2
室外计算温、湿度	供暖室外计算温度（℃）	–13.3	–9.6	–13.1	–14.1	–15.7	–20.0	–15.3	–12.6
	冬季通风室外计算温度（℃）	–9.1	–4.8	–7.9	–8.5	–10.6	–13.4	–9.7	–7.7
	冬季空气调节室外计算温度（℃）	–15.7	–12.0	–15.5	–17.1	–18.5	–23.5	–18.3	–15.0
	冬季空气调节室外计算相对湿度（%）	51	51	52	62	49	49	43	52
	夏季空气调节室外计算干球温度（℃）	32.7	30.6	31.4	30.4	32.5	31.1	33.5	29.5
	夏季空气调节室外计算湿球温度（℃）	24.1	25.9	25.2	25.5	24.7	25	25	25.5
	夏季通风室外计算温度（℃）	28.7	27.5	27.9	27.7	28.4	27.5	28.9	26.8
	夏季通风室外计算相对湿度（%）	55	55	67	68	60	60	58	76
	夏季空气调节室外计算日平均温度（℃）	27.4	27.7	27.1	27.5	27.3	26.8	28.3	26.4
风向、风速及频率	夏季室外平均风速（m/s）	0.9	2.3	3.3	3.7	2.1	2.7	2.5	2.4
	夏季最多风向	C SSW	C WSW	SW	SW	C SW	SSW	C SSW	C SSW

续表

风向、风速及频率	夏季最多风向的频率（%）	61 6	19 10	18	17.0	29 21	17.0	32 22	26 16
	夏季室外最多风向的平均风速（m/s）	2.5	2.7	4.3	4.8	3.4	3.1	3.6	3.9
	冬季室外平均风速（m/s）	1.0	2.5	3.2	3.6	2.1	2.7	2.4	2.2
	冬季最多风向	C NW	C WNW	C NNE	NE	C N	C SW	C SSW	C NNE
	冬季最多风向的频率（%）	66 10	19 13	21 15	16	36 9	16 15	40 12	34 13
	冬季室外最多风向的平均风速（m/s）	3.3	3.0	5.1	4.3	4.1	3.8	3.5	3.4
	年最多风向	C NW	C WNW	C SW	SW	C SW	SW	C SSW	C SW
	年最多风向的频率（%）	61 6	18 10	17 12	15	31 14	16	33 16	28 10
冬季日照百分率（%）		65	64	67	67	68	62	69	72
最大冻土深度（cm）		126	85	108	101	139	137	135	99
大气压力	冬季室外大气压力（hPa）	980.5	1026.4	1017.8	1026.1	1007.0	1013.4	1004.5	1025.5
	夏季室外大气压力（hPa）	963.3	1005.6	997.8	1005.5	988.1	994.6	985.5	1004.7
设计计算用供暖期天数及其平均温度	日平均温度≤ +5℃的天数	145	135	144	144	159	160	145	145
	日平均温度≤ +5℃的起止日期	11.03~03.27	11.12~03.26	11.05~03.28	11.06~03.29	10.27~04.03	10.27~04.04	11.04~03.28	11.06~03.30
	平均温度≤ +5℃期间内的平均温度（℃）	–4.1	–1.2	–3.4	–3.6	–4.8	–6.4	–4.7	–3.2
	日平均温度≤ +8℃的天数	166	153	164	164	176	180	167	167
	日平均温度≤ +8℃的起止日期	10.21~04.04	11.04~04.05	10.26~04.06	10.26~04.07	10.18~04.11	10.16~04.13	10.27~04.05	10.26~04.10
	平均温度≤ +8℃期间内的平均温度（℃）	–2.9	–0.3	–2.2	–2.4	3.7	–4.9	–3.2	–1.9
极端最高气温（℃）		43.3	39.2	41.8	34.7	40.9	36.6	43.3	40.8
极端最低气温（℃）		–24.2	–20.8	–22.8	28.4	–27.1	–36.3	–34.4	–27.5

续表

市 / 区 / 自治州		本溪	丹东	锡林郭勒盟		沈阳	大连	鞍山	抚顺
台站名称及编号		本溪	丹东	二连浩特	锡林浩特	沈阳	大连	鞍山	抚顺
		54346	54497	53068	54102	54342	54662	54339	54351
台站信息	北纬	41°19′	40°03′	43°39′	43°57′	41°44′	38°54′	41°05′	41°55′
	东经	123°47′	124°20′	111°58′	116°04′	123°27′	121°38′	123°00′	124°05′
	海拔（m）	185.2	13.8	964.7	989.5	44.7	91.5	77.3	118.5
	统计年份	1971~2000	1971~2000	1971~2000	1971~2000	1971~2000	1971~2000	1971~2000	1971~2000
年平均温度（℃）		7.8	8.9	4.0	2.6	8.4	10.9	9.6	6.8
室外计算温、湿度	供暖室外计算温度（℃）	−18.1	−12.9	−24.3	−25.2	−16.9	−9.8	−15.1	−20.0
	冬季通风室外计算温度（℃）	−11.5	−7.4	−18.1	−18.8	−11.0	−3.9	−8.6	−13.5
	冬季空气调节室外计算温度（℃）	−21.5	−15.9	−27.8	−27.8	−20.7	−13.0	−18.0	−23.8
	冬季空气调节室外计算相对湿度（%）	64	55	69	72	60	56	54	68
	夏季空气调节室外计算干球温度（℃）	31.0	29.6	33.2	31.1	31.5	29.0	31.6	31.5
	夏季空气调节室外计算湿球温度（℃）	24.3	25.3	19.3	19.9	25.3	24.9	25.1	24.8
	夏季通风室外计算温度（℃）	27.4	26.8	27.9	26.0	28.2	26.3	28.2	27.8
	夏季通风室外计算相对湿度（%）	63	71	33	44	65	71	63	65
	夏季空气调节室外计算日平均温度（℃）	27.1	25.9	27.5	25.4	27.5	26.5	28.1	26.6
风向、风速及频率	夏季室外平均风速（m/s）	2.2	2.3	4.0	3.3	2.6	4.1	2.7	2.2
	夏季最多风向	C ESE	C SSW	NW	C SW	SW	SSW	SW	C NE

续表

风向、风速及频率	夏季最多风向的频率（%）	19 15	17 13	8	13 9	16	19	13	15 12
	夏季室外最多风向的平均风速（m/s）	2.0	3.2	5.2	3.4	3.5	4.6	3.6	2.2
	冬季室外平均风速（m/s）	2.4	3.4	3.6	3.2	2.6	5.2	2.9	2.3
	冬季最多风向	ESE	N	NW	WSW	C NNE	NNE	NE	ENE
	冬季最多风向的频率（%）	25	21	16	19	13 10	24.0	14	20
	冬季室外最多风向的平均风速（m/s）	2.3	5.2	5.3	4.3	3.6	7.0	3.5	2.1
	年最多风向	ESE	C ENE	NW	C WSW	SW	NNE	SW	NE
	年最多风向的频率（%）	18	14 13	13	15 13	13	15	12	16
冬季日照百分率（%）		57	64	76	71	56	65	60	61
最大冻土深度（cm）		149	88	310	265	148	90	118	143
大气压力	冬季室外大气压力（hPa）	1003.3	1023.7	910.5	906.4	1020.8	1013.9	1018.5	1011.0
	夏季室外大气压力（hPa）	985.7	1005.5	898.3	895.9	1000.9	997.8	998.8	992.4
设计计算用供暖期天数及其平均温度	日平均温度≤+5℃的天数	157	145	181	189	152	132	143	161
	日平均温度≤+5℃的起止日期	10.28~04.03	11.07~03.31	10.14~04.12	10.11~04.17	10.30~03.30	11.16~03.27	11.06~03.28	10.26~04.04
	平均温度≤+5℃期间内的平均温度（℃）	–5.1	–2.8	–9.3	–9.7	–5.1	–0.7	–3.8	–6.3
	日平均温度≤+8℃的天数	175	167	196	209	172	152	163	182
	日平均温度≤+8℃的起止日期	10.18~04.10	10.27~04.11	10.07~04.20	10.01~04.27	10.20~04.09	11.06~04.06	10.26~04.06	10.14~04.13
	平均温度≤+8℃期间内的平均温度（℃）	–3.8	–1.7	–8.1	–8.1	–3.6	0.3	–2.5	–4.8
极端最高气温（℃）		37.5	35.3	41.1	39.2	36.1	35.3	36.5	37.7
极端最低气温（℃）		–33.6	–25.8	–37.1	–38.0	–29.4	–18.8	–26.9	–35.9

续表

市 / 区 / 自治州		乌兰察布	兴安盟	赤峰	通辽	鄂尔多斯	呼伦贝尔		巴彦淖尔
台站名称及编号		集宁	乌兰浩特	赤峰	通辽	东胜	满洲里	海拉尔	临河
		53480	50838	54218	54135	53543	50514	50527	53513
台站信息	北纬	41°02′	46°05′	42°16′	43°36′	39°50′	49°34′	49°13′	40°45′
	东经	113°04′	122°03′	118°56′	122°16′	109°79′	117°26′	119°45′	107°25′
	海拔（m）	1419.3	274.7	568.0	178.5	1460.4	661.7	610.2	1039.3
	统计年份	1971~2000	1971~2000	1971~2000	1971~2000	1971~2000	1971~2000	1971~2000	1971~2000
年平均温度（℃）		4.3	5.0	7.5	6.6	6.2	-0.7	-1.0	8.1
室外计算温、湿度	供暖室外计算温度（℃）	-18.9	-20.5	-16.2	-19.0	-16.8	-28.6	-31.6	-15.3
	冬季通风室外计算温度（℃）	-13.0	-15.0	-10.7	-13.5	-10.5	-23.3	-25.1	-9.9
	冬季空气调节室外计算温度（℃）	-21.9	-23.5	-18.8	-21.8	-19.6	-31.6	-34.5	-19.1
	冬季空气调节室外计算相对湿度（%）	55	54	43	54	52	75	79	51
	夏季空气调节室外计算干球温度（℃）	28.2	31.8	32.7	32.3	29.1	29.0	29.0	32.7
	夏季空气调节室外计算湿球温度（℃）	18.9	23	22.6	24.5	19.0	19.9	20.5	20.9
	夏季通风室外计算温度（℃）	23.8	27.1	28.0	28.2	24.8	24.1	24.3	28.4
	夏季通风室外计算相对湿度（%）	49	55	50	57	43	52	54	39
	夏季空气调节室外计算日平均温度（℃）	22.9	26.6	27.4	27.3	24.6	23.6	23.5	27.5
风向、风速及频率	夏季室外平均风速（m/s）	2.4	2.6	2.2	3.5	3.1	3.8	3.0	2.1
	夏季最多风向	C WNW	C NE	C WSW	SSW	SSW	C E	C SSW	C E

续表

风向、风速及频率	夏季最多风向的频率（%）	29 9	23 7	20 13	17	19	13 10	13 8	20 10
	夏季室外最多风向的平均风速（m/s）	3.6	3.9	2.5	4.6	3.7	4.4	3.1	2.5
	冬季室外平均风速（m/s）	3.0	2.6	2.3	3.7	2.9	3.7	2.3	2.0
	冬季最多风向	C WNW	C NW	C W	NW	SSW	WSW	C SSW	C W
	冬季最多风向的频率（%）	33 13	27 17	26 14	16	14	23	2219	3013
	冬季室外最多风向的平均风速（m/s）	4.9	4.0	3.1	4.4	3.1	3.9	2.5	3.4
	年最多风向	C WNW	C NW	C W	SSW	SSW	WSW	C SSW	C W
	年最多风向的频率（%）	29 12	22 11	21 13	11	17	13	15 12	24 10
冬季日照百分率（%）		72	69	70	76	73	70	62	72
最大冻土深度（cm）		184	249	201	179	150	389	242	138
大气压力	冬季室外大气压力（hPa）	860.2	989.1	955.1	1002.6	856.7	941.9	947.9	903.9
	夏季室外大气压力（hPa）	853.7	973.3	941.1	964.4	849.5	930.3	935.7	891.1
设计计算用供暖期天数及其平均温度	日平均温度≤ +5℃的天数	181	176	161	166	168	210	208	157
	日平均温度≤ +5℃的起止日期	10.16~04.14	10.17~04.10	10.26~04.04	10.21~04.04	10.20~04.05	09.30~04.27	10.01~04.26	10.24~03.29
	平均温度≤ +5℃期间内的平均温度（℃）	–6.4	–7.8	–5.0	–6.7	–4.9	–12.4	–12.7	–4.4
	日平均温度≤ +8℃的天数	206	193	179	184	189	229	227	175
	日平均温度≤ +8℃的起止日期	10.03~04.26	10.09~04.19	10.16~04.12	10.13~04.14	10.11~04.17	09.21~05.07	09.22~05.06	10.16~04.08
	平均温度≤ +8℃期间内的平均温度（℃）	–4.7	–6.5	–3.8	–5.4	–3.6	–10.8	–11.0	–3.3
极端最高气温（℃）		33.6	40.3	40.4	38.9	35.3	37.9	36.6	39.4
极端最低气温（℃）		–32.4	–33.7	–28.8	–31.6	–28.4	–40.5	42.3	–35.3

续表

市 / 区 / 自治州		呼和浩特	包头	朔州	晋中	忻州	临汾	吕梁
台站名称及编号		呼和浩特	包头	右玉	榆社	原平	临汾	离石
		53463	53446	53478	53787	53673	53868	53764
台站信息	北纬	40°49′	40°40′	40°00′	37°04′	38°44′	36°04′	37°30′
	东经	111°41′	109°51′	112°27′	112°59′	112°43′	111°30′	111°06′
	海拔（m）	1063.0	1067.2	1345.8	1041.4	828.2	449.5	950.8
	统计年份	1971~2000	1971~2000	1971~2000	1971~2000	1971~2000	1971~2000	1971~2000
年平均温度（℃）		6.7	7.2	3.9	8.8	9	12.6	9.1
室外计算温、湿度	供暖室外计算温度（℃）	-17.0	-16.6	-20.8	-11.1	12.3	-6.6	-12.6
	冬季通风室外计算温度（℃）	-11.6	-11.1	-14.4	-6.6	7.7	-2.7	-7.6
	冬季空气调节室外计算温度（℃）	-20.3	-19.7	-25.4	-13.6	-14.7	-10.0	-16.0
	冬季空气调节室外计算相对湿度（%）	58	55	61	49	47	58	55
	夏季空气调节室外计算干球温度（℃）	30.6	31.7	29.0	30.8	31.8	34.6	32.4
	夏季空气调节室外计算湿球温度（℃）	21.0	20.9	19.8	22.8	22.9	25.7	22.9
	夏季通风室外计算温度（℃）	26.5	27.4	24.5	26.8	27.6	30.6	28.1
	夏季通风室外计算相对湿度（%）	48	43	50	55	53	56	52
	夏季空气调节室外计算日平均温度（℃）	25.9	26.5	22.5	24.8	26.2	29.3	26.3
风向、风速及频率	夏季室外平均风速（m/s）	1.8	2.6	2.1	1.5	1.9	1.8	2.6
	夏季最多风向	C SW	C SE	C ESE	C SSW	C NNE	C SW	C NE

续表

风向、风速及频率	夏季最多风向的频率（%）	36 8	14 11	30 11	39 9	20 11	24 9	22 17
	夏季室外最多风向的平均风速（m/s）	3.4	2.9	2.8	2.8	2.4	3.0	2.5
	冬季室外平均风速（m/s）	1.5	2.4	2.3	1.3	2.3	1.6	2.1
	冬季最多风向	C NNW	N	C NW	C E	C NNE	C SW	NE
	冬季最多风向的频率（%）	50 9	21	41 11	42 14	25 14	35 7	26
	冬季室外最多风向的平均风速（m/s）	4.2	3.4	5.0	1.9	3.8	2.6	2.5
	年最多风向	C NNW	N	C WNW	C E	C NNE	C SW	NE
	年最多风向的频率（%）	40 7	16	32 8	38 9	22 12	31 9	20
冬季日照百分率（%）		63	68	71	62	60	47	58
最大冻土深度（cm）		156	157	169	76	121	57	104
大气压力	冬季室外大气压力（hPa）	901.2	901.2	868.6	902.6	926.9	972.5	914.5
	夏季室外大气压力（hPa）	889.6	889.1	860.7	892.0	913.8	954.2	901.3
设计计算用供暖期天数及其平均温度	日平均温度≤ +5℃的天数	167	164	182	144	145	114	143
	日平均温度≤ +5℃的起止日期	10.20~04.04	10.21~04.02	10.14~04.13	11.05~03.28	11.03~03.27	11.13~03.06	11.05~03.27
	平均温度≤ +5℃期间内的平均温度（℃）	−5.3	−5.1	−6.9	−2.6	−3.2	−0.2	−3
	日平均温度≤ +8℃的天数	184	182	208	168	168	142	166
	日平均温度≤ +8℃的起止日期	10.12~04.13	10.13~04.12	10.01~04.26	10.20~04.05	10.20~04.05	11.06~03.27	10.20~04.03
	平均温度≤ +8℃期间内的平均温度（℃）	−4.1	−3.9	−5.2	−1.3	−1.9	1.1	−1.7
极端最高气温（℃）		38.5	39.2	34.4	36.7	38.1	40.5	38.4
极端最低气温（℃）		−30.5	−31.4	−40.4	−25.1	−25.8	−23.1	−26.0

续表

市 / 区 / 自治州		运城	晋城	沧州	廊坊	衡水	太原	大同	阳泉
台站名称及编号		运城	阳城	沧州	霸州	饶阳	太原	大同	阳泉
		53959	53975	54616	54518	54606	53772	53487	53782
台站信息	北纬	35°02′	35°29′	38°20′	39°07′	38°14′	37°47′	40°06′	37°51′
	东经	111°01′	112°24′	116°50′	116°23′	115°44′	112°33′	113°20′	113°33′
	海拔（m）	376.0	659.5	9.6	9.0	18.9	778.3	1067.2	741.9
	统计年份	1971~2000	1971~2000	1971~1995	1971~2000	1971~2000	1971~2000	1971~2000	1971~2000
年平均温度（℃）		14.0	11.8	12.9	12.2	12.5	10.0	7.0	11.3
室外计算温、湿度	供暖室外计算温度（℃）	-4.5	-6.6	-7.1	-8.3	-7.9	-10.1	-16.3	-8.3
	冬季通风室外计算温度（℃）	-0.9	-2.6	-3.0	-4.4	-3.9	-5.5	-10.6	-3.4
	冬季空气调节室外计算温度（℃）	-7.4	-9.1	-9.6	-11.0	-10.4	-12.8	-18.9	-10.4
	冬季空气调节室外计算相对湿度（%）	57	53	57	54	59	50	50	43
	夏季空气调节室外计算干球温度（℃）	35.8	32.7	34.3	34.4	34.8	31.5	30.9	32.8
	夏季空气调节室外计算湿球温度（℃）	26.0	24.6	26.7	26.6	26.9	23.8	21.2	23.6
	夏季通风室外计算温度（℃）	31.3	28.8	30.1	30.1	30.5	27.8	26.4	28.2
	夏季通风室外计算相对湿度（%）	55	59	63	61	61	58	49	55
	夏季空气调节室外计算日平均温度（℃）	31.5	27.3	29.7	29.6	29.6	26.1	25.3	27.4
风向、风速及频率	夏季室外平均风速（m/s）	3.1	1.7	2.9	2..2	2.2	1.8	2.5	1.6
	夏季最多风向	SSE	C SSE	SW	C SW	C SW	C N	C NNE	C ENE

续表

风向、风速及频率	夏季最多风向的频率（%）	16	35 11	12	12 9	15 11	30 10	17 12	33 9
	夏季室外最多风向的平均风速（m/s）	5.0	2.9	2.7	2.5	3.0	2.4	3.1	2.3
	冬季室外平均风速（m/s）	2.4	1.9	2.6	2.1	2.0	2.0	2.8	2.2
	冬季最多风向	C W	C NW	SW	C NE	C WS	C N	N	C NNW
	冬季最多风向的频率（%）	24 9	42 12	12	19 11	19 9	30 13	19	30 19
	冬季室外最多风向的平均风速（m/s）	2.8	4.9	2.8	3.3	2.6	2.6	3.3	3.7
	年最多风向	C SSE	C NW	SW	C SW	C SW	C N	C NNE	C NNW
	年最多风向的频率（%）	18 11	37 9	14	14 10	15 11	29 11	16 15	31 13
冬季日照百分率（%）		49	58	64	57	63	57	61	62
最大冻土深度（cm）		39	39	43	67	77	72	186	62
大气压力	冬季室外大气压力（hPa）	982.0	947.4	1027.0	1026.4	1024.9	933.5	899.9	937.1
	夏季室外大气压力（hPa）	962.7	932.4	1004.0	1004.4	1002.8	919.8	889.1	923.8
设计计算用供暖期天数及其平均温度	日平均温度≤ +5℃的天数	101	120	118	124	122	141	163	126
	日平均温度≤ +5℃的起止日期	11.22~03.02	11.14~03.13	11.15~03.12	11.11~03.14	11.12~03.13	11.06~03.26	10.24~04.04	11.12~03.17
	平均温度≤ +5℃期间内的平均温度（℃）	0.9	0.0	−0.5	−1.3	−0.9	−1.7	−4.8	−0.5
	日平均温度≤ +8℃的天数	127	143	141	143	143	160	183	146
	日平均温度≤ +8℃的起止日期	11.08~03.14	11.06~03.28	11.07~03.27	11.05~03.27	11.05~03.27	10.23~03.31	10.14~04.14	11.04~03.29
	平均温度≤ +8℃期间内的平均温度（℃）	2.0	1.0	0.7	−0.3	0.2	−0.7	−3.5	0.3
极端最高气温（℃）		41.2	38.5	40.5	41.3	41.2	37.4	37.2	40.2
极端最低气温（℃）		−18.9	−17.2	−19.5	−21.5	−22.6	−22.7	−27.2	−16.2

温差修正系数 α 值　　表 1-4

围护结构特征	α
外墙、屋顶、地面以及与室外相通的楼板等	1.00
闷顶和室外空气相通的非供暖地下室上面的楼板等	0.90
非供暖地下室上面的楼板、外墙有窗时	0.75
非供暖地下室上面的楼板、外墙上无窗且位于室外地坪以上时	0.60
非供暖地下室上面的楼板、外墙上无窗且位于室外地坪以下时	0.40
与有外门窗的非供暖房间相邻的隔墙	0.70
与无外门窗的非供暖房间相邻的隔墙	0.40
伸缩缝墙、沉降缝墙	0.30
防震缝墙	0.70
与有外窗的不供暖楼梯间相邻的隔墙	
1~6 层建筑	0.60
7~30 层建筑	0.50

（2）围护结构的附加（修正）耗热量

①朝向修正

北、东北、西北　0~10%

东、西　–5%

东南、西南　–15%~–10%

南　–30%~–15%

微课：围护结构的附加（修正）耗热

选用朝向修正率时应考虑当地冬季日照率、建筑物的使用和被遮挡情况。对于日照率小于 35% 的地区，东南、西南、南向的朝向修正率应采用 –10%~0%，其他朝向可不修正。

②风力附加

微课：围护结构传热耗热量计算示例

在一般情况下不必考虑风力附加，只对修建在不避风的高地、河边、海岸、旷野上的建筑物，以及城镇、厂区内特别突出的建筑物，才对其垂直外围护结构的基本耗热量附加 5%~10%。

③外门附加

对于民用建筑和工厂辅助建筑物短时间开启的外门（不包括阳台门、太平门和设有空气幕的外门）：

一道门　$65n\%$

二道门（有门斗）　$80n\%$

三道门（有两个门斗）　$60n\%$

其中 n 为楼层数。

公共建筑和工业建筑主要出入口的外门附加率为 500%。

④高度附加

民用建筑和工业辅助建筑物（楼梯间除外），当房间高度超过 4m 时，每高出 1m 附加围护结构基本耗热量和其他修正耗热量总和的 2%，但总的附加率不应大于 15%；房间高度小于 4m 时，不考虑高度附加。

（3）冷风渗透耗热量

动画：冷风渗透状况

多层和高层民用建筑渗入冷空气所消耗的热量 Q_2 可按下式计算：

$$Q_2=0.28C_p\,\rho_{wn}L\,(t_n-t_{wn}) \tag{1-2}$$

式中 Q_2——冷风渗透耗热量（W）；

C_p——冷空气的定压比热容，C_p=1kJ/（kg·℃）；

ρ_{wn}——供暖室外计算温度下的空气密度（kg/m³）；

L——冷空气的渗入量（m³/h）；

0.28——单位换算系数，1kJ/h = 0.28W。

微课：6 层及 6 层以下建筑物围护结构冷风渗透耗热量计算的方法

在工程设计中，多层（6 层或 6 层以下）的建筑物计算冷空气的渗入量 L 时主要考虑风压的作用，忽略热压的影响。而超过 6 层的多层建筑和高层建筑（层数 10 层及 10 层以上的住宅建筑，建筑高度超过 24m 的其他民用建筑）则应综合考虑风压和热压的共同影响。

微课：6 层及 6 层以下建筑物围护结构冷风渗透耗热量计算示例

计算门窗中心线标高为 h 时，风压单独作用下每米缝隙每小时渗入的空气量 L_h：

$$\begin{aligned}L_h&=\alpha\,\Delta p_f^{\,b}=\alpha\,[C_f\frac{\rho_w}{2}\,(0.631\,h^{0.2}v_o)^2]^b\\&=\alpha\,(\frac{\rho_w}{2}v_o^{\,2})^b\,(0.631^2\,C_f\,h^{0.4})^b\end{aligned} \tag{1-3}$$

设 $L_o=\alpha\,(\frac{\rho_w}{2}v_o^{\,2})^b \quad C_h=0.631^2\,C_f\,h^{0.4}\approx 0.3h^{0.4}$

则 $$L_h=C_h^{\,b}\,L_o$$

微课：6 层以上建筑物围护结构冷风渗透耗热量计算的方法

式中 L_h——计算门窗中心线标高为 h 时，风压单独作用下，每米缝隙每小时渗入的空气量 [m³/（h·m）]；

L_o——在基准高度 h_o=10m，单纯风压作用下，不考虑朝向修正和建筑物内部隔断情况时，通过每米门窗缝隙进入室内的理论渗透冷空气量 [m³/（h·m）]；

C_h——高度修正系数，计算门窗中心线标高为 h 时单位渗透空气量，相对于 h_o=10m 时基准渗透空气量 L_o 的高度修正系数（因为 10m 以下时，风速均为 v_o，渗入的空气量均为 L_o，所以 $h\leqslant$ 10m 时应按 h=10m 计算 C_h 值）；

微课：6 层以上建筑物围护结构冷风渗透耗热量计算示例

α——外门窗缝隙渗风系数 [m³ /（m·h·Pa^b）]，见表 1–5；

b——门窗缝隙渗风指数，b=0.56~0.78，当无实测数据时，可取 b=0.67。

外门窗缝隙渗风系数下限值 α　　表 1–5

建筑外窗空气渗透性能分级	Ⅰ	Ⅱ	Ⅲ	Ⅳ	Ⅴ
$\alpha[m^3/(m \cdot h \cdot Pa^b)]$	0.1	0.3	0.5	0.8	1.2

在风压单独作用下，计算建筑物各层不同朝向门窗单位缝长渗入量时，应考虑由于各地主导风向的作用，不同朝向门窗渗入的空气量是不相等的，应对 L_h 值进行朝向修正。

L_h 值表示在主导风向 n=1 时，门窗中心线标高为 h 时单位缝长渗透的空气量。

同一标高，其他朝向（n<1）门窗单位缝长渗透的空气量 L_h' 应为：

$$L_h'\ (n<1)=nL_h \tag{1–4}$$

式中　n——单纯风压作用下，渗透空气量的朝向修正系数，表 1–6 是渗透空气量的朝向修正系数 n 值。

渗透空气量的朝向修正系数 n 是考虑门窗缝隙处于不同朝向时，由于室外风速、风温、风频的差异，造成不同朝向缝隙实际渗入的空气量不同而引入的修正系数。

渗透空气量的朝向修正系数 n 值　　表 1–6

地区及台站名称		朝向							
		N	NE	E	SE	S	SW	W	NW
北京	北京	1.00	0.50	0.15	0.10	0.15	0.15	0.40	1.00
天津	天津	1.00	0.40	0.20	0.10	0.15	0.20	0.40	1.00
	塘沽	0.90	0.55	0.55	0.20	0.30	0.30	0.70	1.00
河北	承德	0.70	0.15	0.10	0.10	0.10	0.40	1.00	1.00
	张家口	1.00	0.40	0.10	0.10	0.10	0.10	0.35	1.00
	唐山	0.60	0.45	0.65	0.45	0.20	0.65	1.00	1.00
	保定	1.00	0.70	0.35	0.35	0.90	0.90	0.40	0.70
	石家庄	1.00	0.70	0.50	0.65	0.50	0.55	0.85	0.90
	邢台	1.00	0.70	0.35	0.50	0.70	0.50	0.30	0.70
山西	大同	1.00	0.55	0.10	0.10	0.10	0.30	0.40	1.00
	阳泉	0.70	0.10	0.10	0.10	0.10	0.35	0.85	1.00
	太原	0.90	0.40	0.15	0.20	0.30	0.40	0.70	1.00
	阳城	0.70	0.15	0.30	0.25	0.10	0.25	0.70	1.00
内蒙古	通辽	0.70	0.20	0.10	0.25	0.35	0.40	0.85	1.00
	呼和浩特	0.70	0.25	0.10	0.15	0.20	0.15	0.70	1.00

续表

地区及台站名称		朝向							
		N	NE	E	SE	S	SW	W	NW
辽宁	抚顺	0.70	1.00	0.70	0.10	0.10	0.25	0.30	0.30
	沈阳	1.00	0.70	0.30	0.30	0.40	0.35	0.30	0.70
	锦州	1.00	1.00	0.40	0.10	0.20	0.25	0.20	0.70
	鞍山	1.00	1.00	0.40	0.25	0.50	0.50	0.25	0.55
	营口	1.00	1.00	0.60	0.20	0.45	0.45	0.20	0.40
	丹东	1.00	0.55	0.40	0.10	0.10	0.10	0.40	1.00
	大连	1.00	0.70	0.15	0.10	0.15	0.15	0.15	0.70
吉林	通榆	0.60	0.40	0.15	0.35	0.50	0.50	1.00	1.00
	长春	0.35	0.35	0.15	0.25	0.70	1.00	0.90	0.40
	延吉	0.40	0.10	0.10	0.10	0.10	0.65	1.00	1.00
黑龙江	爱辉	0.70	0.10	0.10	0.10	0.10	0.10	0.70	1.00
	齐齐哈尔	0.95	0.70	0.25	0.25	0.40	0.40	0.70	1.00
	鹤岗	0.50	0.15	0.10	0.10	0.10	0.55	1.00	1.00
	哈尔滨	0.30	0.15	0.20	0.70	1.00	0.85	0.70	0.60
	绥芬河	0.20	0.10	0.10	0.10	0.10	0.70	1.00	0.70
山东	烟台	1.00	0.60	0.25	0.15	0.35	0.60	0.60	1.00
	莱阳	0.85	0.60	0.15	0.10	0.10	0.25	0.70	1.00
	潍坊	0.90	0.60	0.25	0.35	0.50	0.35	0.90	1.00
	济南	0.45	1.00	1.00	0.40	0.55	0.55	0.25	0.15
	青岛	1.00	0.70	0.10	0.10	0.20	0.20	0.40	1.00
	菏泽	1.00	0.90	0.40	0.25	0.35	0.35	0.20	0.70
	临沂	1.00	1.00	0.45	0.10	0.10	0.15	0.20	0.40

在工程设计中，多层（6层或6层以下）的建筑物计算冷空气的渗入量L时主要考虑风压的作用，忽略热压的影响，多层建筑任意朝向门窗冷空气的渗入量L可按下式计算：

$$L=L_h'l=nC_h^bL_ol \qquad (1\text{–}5)$$

式中　L——多层建筑任意朝向门窗冷空气的渗入量（m^3/h）；

l——门窗缝隙长度（m），建筑物门窗缝隙长度按各朝向所有可开启的外门窗缝隙丈量。

超过6层的多层建筑和高层建筑（层数10层及10层以上的住宅建筑，建筑高度超过24m的其他民用建筑）门窗缝隙的实际渗透空气量时，应综合考虑风压与热压的共同作用。

任意朝向门窗由于风压与热压共同作用产生的冷空气渗入量L可按下式计算：

$$L=m^bL_ol \qquad (1\text{–}6)$$

$$C=70\frac{h_z-h}{C_f v_o^2 h^{0.4}}\cdot\frac{t_n'-t_{wn}}{273+t_n'} \qquad (1\text{–}7)$$

式中　t_n'——建筑物内部形成热压的空气温度，简称竖井温度（℃）；

式中的 h 表示计算门窗的中心线标高，分母中的 h 是计算风压差时的取值，当 $h \leqslant 10$m 时，仍应按基准高度取 h=10m。

式中各符号的意义同前所述。

计算 m 值和 C 值时，应注意：

微课：供暖设计热负荷计算示例计算示例

1）如果计算得出 $C \leqslant -1$，即 $1+C \leqslant 0$，表示在该计算楼层的所有各朝向门窗，即使处于主导风向 n=1 时，也已无冷空气渗入或已有室内空气渗出，此时该楼层所有朝向门窗的冷风渗透耗热量均取零。

2）如果计算得出 $C>-1$，即 $1+C>0$，在此条件下再计算 m 值时，若：

$m \leqslant 0$，表示所计算的给定朝向的这个门窗已无冷空气的渗入或已有室内空气渗出，此时该层该朝向门窗的冷风渗透耗热量取零。

$m>0$，该朝向门窗应采用前述各计算公式计算其冷风渗透耗热量。

思　政

热负荷计算是后续计算的基础，热负荷的计算是否正确，直接影响散热器片数的计算结果和管径水力计算的结果，最终影响供暖效果。同学们在学习和工作中应具有认真仔细的态度，失之毫厘，谬之千里。这样的事例数不胜数，当年贝尔发明了第一部电话机并提出发明专利申请后，科学家莱斯却向美国最高法院提起了对贝尔的控诉，声称电话机的发明权应该归他所有。

调查和鉴定的结果证明：在贝尔之前莱斯确定已研制成功一种利用电流进行传声的装置，这种装置能把声音传到 1000m 以外。但是这个装置仅能单向传送，不能双方互相交谈。对此莱斯确认不讳，法院和科学家判定这种装置还不能算是电话机。

同时贝尔也直言不讳地承认他曾借助过莱斯的试验，但他发现了莱斯装置的不足，便将装置所用的间歇电流改为直流电，这就解决了话音短促多变的问题。然后他将莱斯装置上的一颗螺丝往里拧了半圈，仅仅 0.5mm，话音就能互相传递了。

就是这 0.5mm 的细微之差，诞生了世界上第一部真正的电话机。这个结果令莱斯瞠目结舌，使科学家们也为之震惊。

法院最后裁决莱斯败诉，电话的发明权归贝尔。贝尔感到他利用了莱斯的试验，同意将发明专利变为他与莱斯共有。莱斯感慨万分地说："我在离成功 0.5mm 的地方失败了，我将终身铭记这个教训。"

训 练

试进行图 1–2、图 1–3 所示系统的热负荷计算，将计算结果填入热负荷计算表。哈尔滨市某学校二层教学楼，建筑平面图如图 1–2、图 1–3 所示，建筑物层高 3.9m。

采用机械循环上供下回单管顺流式系统，供水温度 95℃，回水温度 70℃。锅炉房建在该建筑物的北向。

围护结构的已知条件为：

外墙：二砖墙，外表面水泥砂浆抹面；内表面水泥砂浆抹面，涂料粉刷，厚度均为 20mm。

外窗：双层木框玻璃窗。

楼层高度：各层均为 3.9m。

外门：双层木框玻璃门。

地面：不保温地面。

屋面：构造如图 1–1。

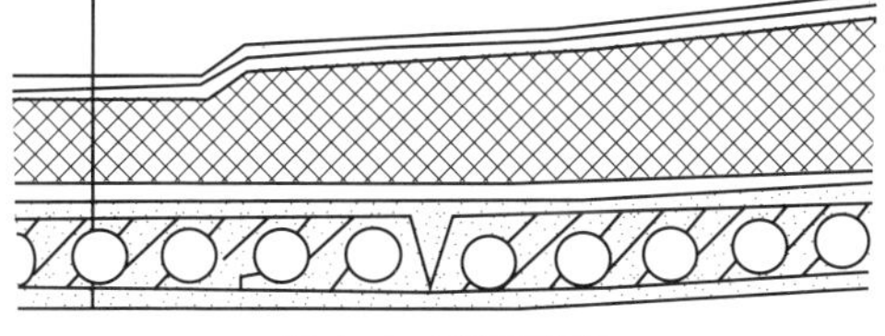

图 1–1 屋面构造图

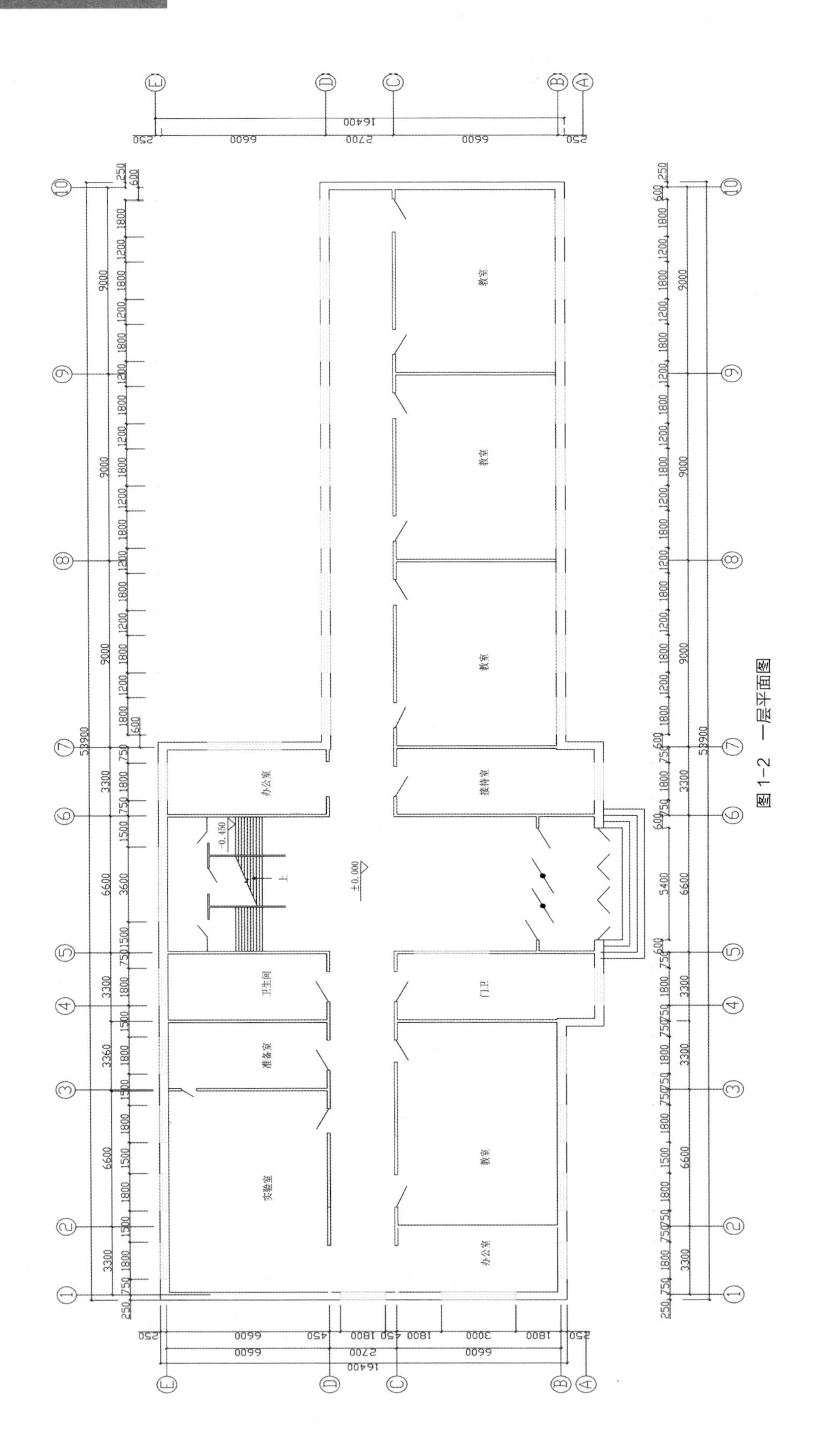

图 1-2　一层平面图

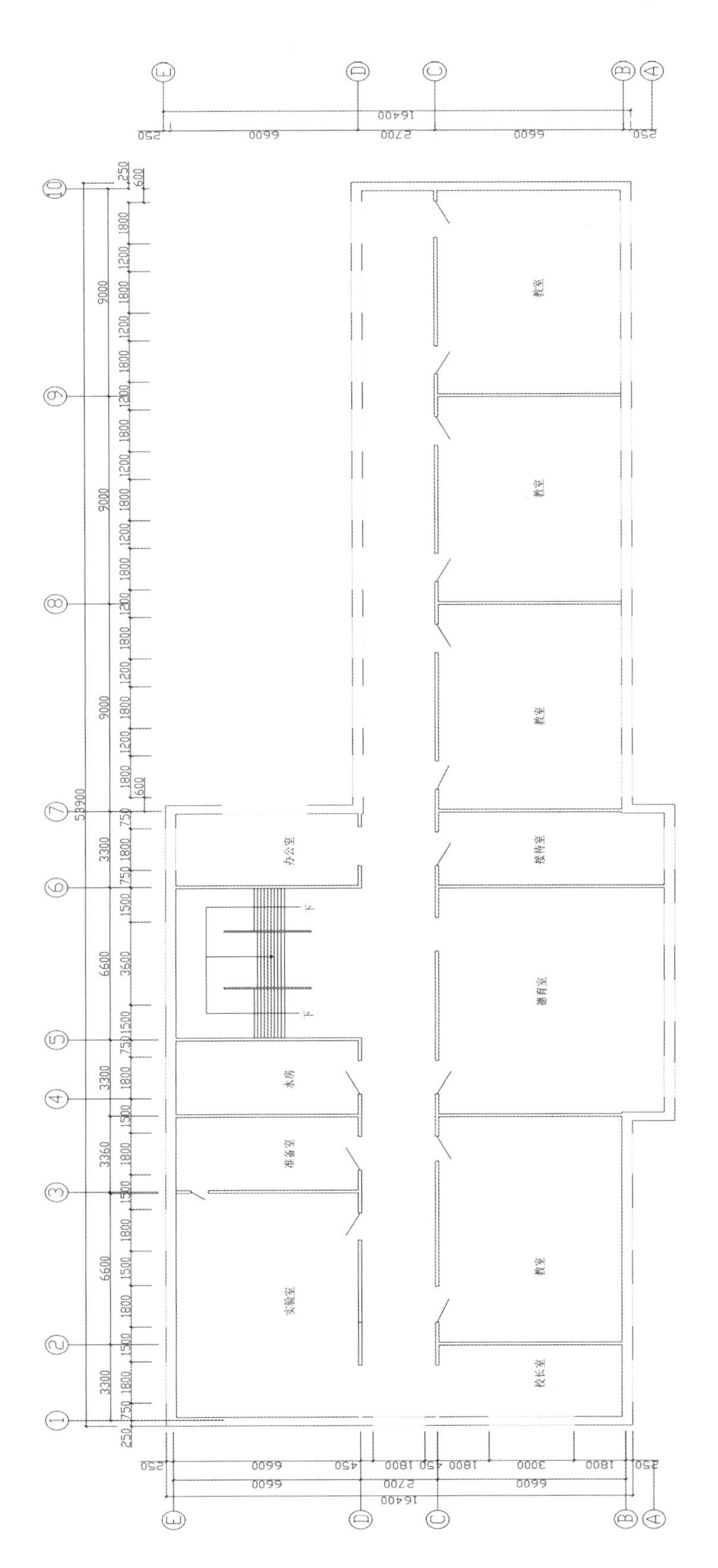

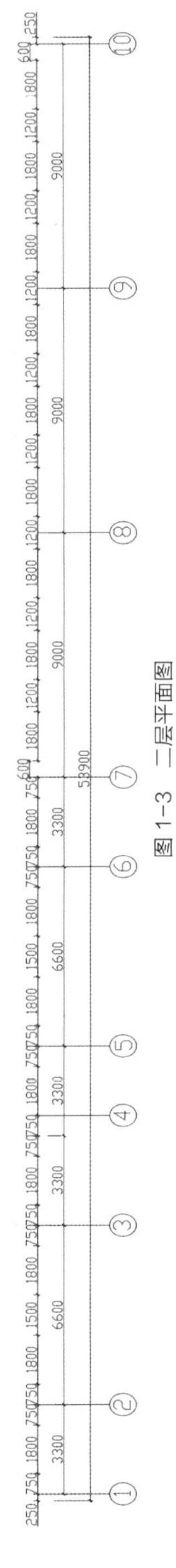

图 1-3 二层平面图

工作页：热负荷计算表

表格：热负荷计算表

热负荷计算表

房间编号	房间名称	围护结构			室内计算温度（℃）	室外计算温度（℃）	计算温差（℃）	温差修正系数 α	围护结构传热系数 K[W/(m²·℃)]	基本耗热量 Q（W）	附加				修正后耗热量 Q（W）	冷风渗透耗热量 Q（W）	实际耗热量 Q（W）
		名称及朝向	尺寸（m）长×宽	面积 F（m²）							朝向	风力	高度	外门			

实训项目 2

供暖系统方案确定

实训目的

通过本次实践训练，学生：
1.掌握管道的敷设要求；
2.掌握绘制供暖系统平面图和系统图的方法；
3.具备社会服务意识，养成爱岗敬业、淡泊名利、甘于奉献的精神。

实训内容

1.进行管道的敷设训练；
2.绘制供暖系统平面图和系统图。

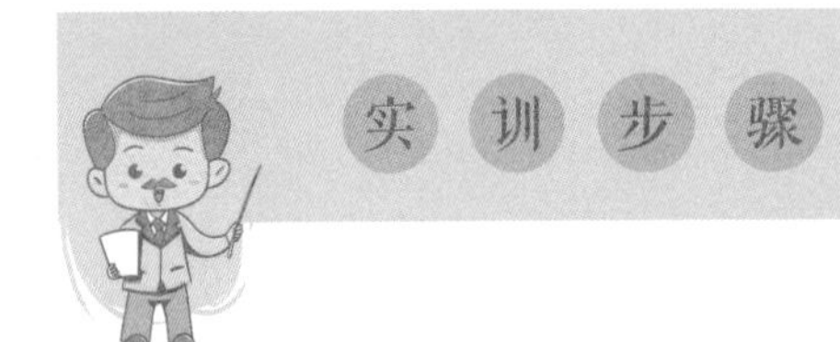

01 进行室内热水供暖系统管路的布置

室内热水供暖系统管路布置的合理与否，直接影响工程造价和系统的使用效果，室内热水供暖系统管路的布置应考虑：

①建筑物的结构条件和室外热网的特点，力求系统结构简单，使空气能顺利排出。

②管路应在合理布置的前提下尽可能地短，节省管材和阀件，便于运行调节和维护管理。

③应尽可能做到各并联环路热负荷分配合理，使阻力易于平衡。

02 进行室内热水供暖系统环路的划分

室内供暖系统引入口的设置，应根据热源和室外管道的位置，考虑有利于系统的环路划分。环路划分就是将整个系统划分成几个并联的、相对独立的小系统。合理划分环路，可以均衡地分配热量，使各并联环路的阻力易于平衡，便于控制和调节系统。下面介绍几种常见的环路划分方法。

图 2-1 为无分支环路的同程式系统，它适用于小型系统或引入口的位置不易平分成对称热负荷的系统。图 2-2 为两个分支环路的异程式系统。图 2-3 为两个分支环路的同程式系统。同程式与异程式相比，中间虽增设了一条回水管和地沟，但两大分支环路的阻力易于平衡，故多被采用。

动画：无分支环路的同程式系统

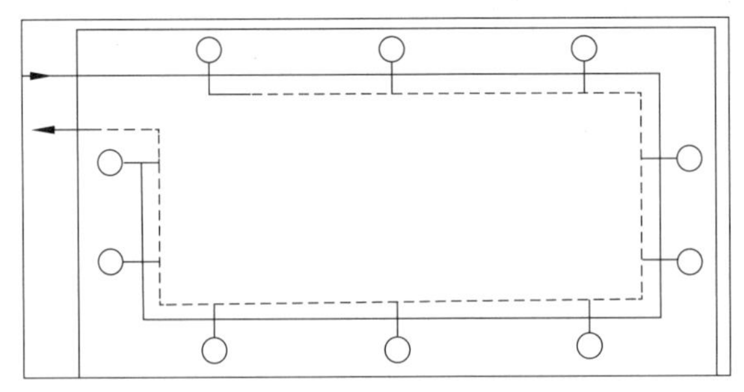

图 2-1　无分支环路的同程式系统

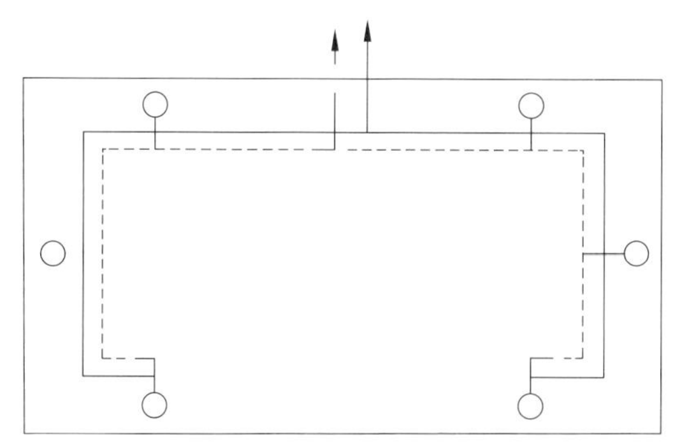

图 2-2　两个分支环路的异程式系统

动画：两个分支环路的异程式系统

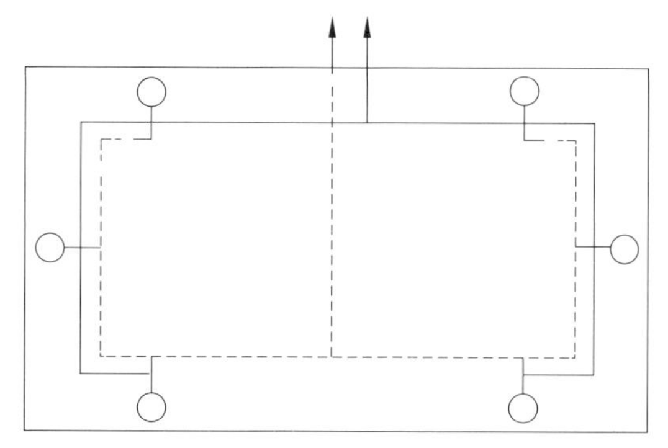

图 2-3　两个分支环路的同程式系统

动画：两个分支环路的同程式系统

03 室内热水供暖系统管路的敷设要求

室内供暖系统管路应尽量明设，以便于维护管理和节省造价，有特殊要求或影响室内整洁美观时，才考虑暗设。敷设时应考虑：

（1）上供下回式系统的顶层梁下和窗顶之间的距离应满足供水干管的坡度和集气罐的设置要求。集气罐应尽量设在有排水设施的房间，以便于排气。

回水干管如果敷设在地面上，底层散热器下部与地面之间的距离也应满足回水干管敷设坡度的要求。如果地面上不允许敷设或净空高度不够时，应设在半通行地沟或不通行地沟内。

（2）管路敷设时应尽量避免出现局部向上凸起，以免形成气塞。在局部高点处，应考虑设置排气装置。

（3）回水干管过门时如果下部设置过门地沟或上部设空气管，应考虑好泄水和排空气的问题。

回水干管下部过门如图 2-4 所示，回水干管上部设空气管过门如图 2-5 所示。

两种做法中均设置了一段反坡向的管道，目的是为了顺利排除系统中的空气。

动画：室内供暖系统管路的敷设

微课：室内热水供暖系统管路布置与敷设

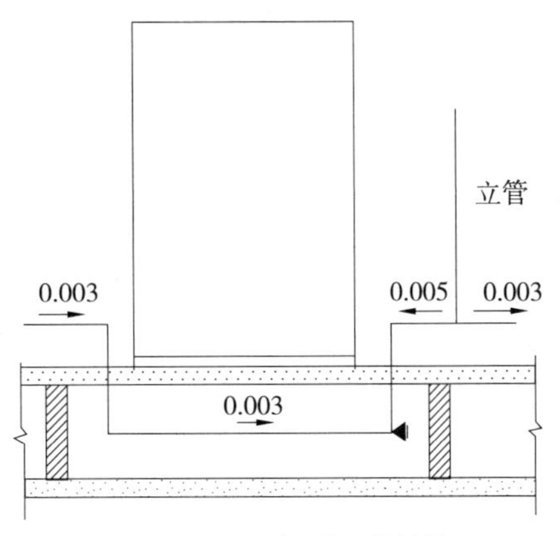

图 2-4　回水干管下部过门

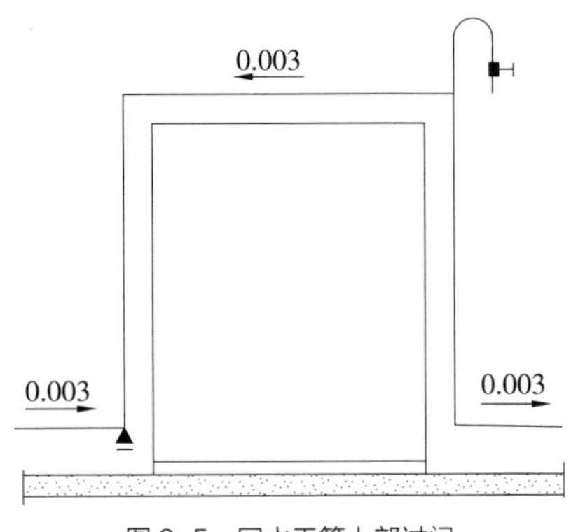

图 2-5　回水干管上部过门

（4）立管应尽量设置在外墙角处，以补偿该处过多的热量损失，防止该处结露。楼梯间或其他有冻结危险的场所应单独设置立管，该立管上各组散热器的支管均不允许安装阀门。

双管系统的供水立管一般置于面向的右侧。如果立管与散热器支管相交，立管应揻弯绕过支管。

（5）室内供暖系统的引入管、出户管上应设阀门；划分环路后，各并联环路的起、末端应各设一个阀门；立管的上下端应各设一个阀门，以便于检修、关闭。当有冻结危险时，立管或支管上的阀门至干管的距离，不应大于 120mm。

（6）散热器的供、回水支管考虑避免散热器上部积存空气或下部放水时放不净，应沿水流方向设下降的坡度，坡度可取 0.01。或者当支管长度小于或等于 500mm 时，取坡降值为 5mm；当支管长度大于 500mm 时，取坡降值为 10mm；当一根立管双侧连接散热器支管时，如果一端长度大于 500mm，取坡降值均为 10mm。

散热器的供、回水支管坡向如图 2-6 所示。

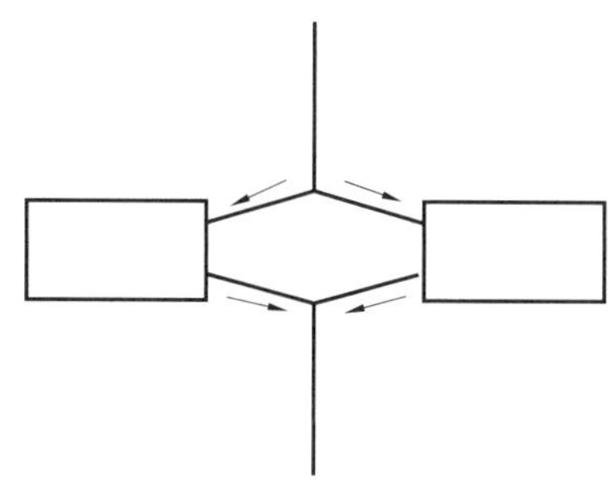

图 2-6 散热器支管的坡向

（7）穿过建筑物基础、变形缝的供暖管道，以及镶嵌在建筑结构里的立管，应采取防止由于建筑物下沉而损坏管道的措施。当供暖管道必须穿过防火墙时，在管道穿过处应采取固定和密封措施，并使管道可向墙的两侧伸缩。供暖管道穿过隔墙和楼板时宜装设套管。供暖管道不得同输送蒸汽燃点低于或等于 120℃的可燃液体或可燃、腐蚀性气体的管道在同一条管沟内平行或交叉敷设。

（8）供暖管道在管沟或沿墙、柱、楼板敷设时，应根据设计、施工与验收规范的要求，每隔一定间距设置管卡或支、吊架。为了消除管道受热变形产生的热应力，应尽量利用管道上的自然转角进行热伸长的补偿，管线很长时，应设补偿器，适当位置设固定支架。

（9）供暖管道多采用水、煤气钢管，可采用螺纹连接、焊接和法兰连接。管道应按施工与验收规范要求做防腐处理。敷设在管沟、技术夹层、闷顶、管道竖井或易冻结地方的管道，应采取保温措施。

动画：识读供暖平面图

04 绘制供暖系统平面图

平面图是利用正投影原理，采用水平全剖的方法，表示出建筑物各层供暖管道与设备的平面布置，应连同房屋平面图一起画出。内容包括：

（1）标准层平面：应表明立管位置及立管编号，散热器的安装位置、类型、片数及安装方式。

微课：识读供暖系统施工图方法

（2）顶层平面图：除了有与标准层平面图相同的内容外，还应表明总立管、水平干管的位置、走向、立管编号、干管坡度及干管上阀门、固定支架的安装位置与型号；膨胀水箱、集气罐等设备的位置、型号及其与管道的连接情况。

微课：识读供暖系统平面图

（3）底层平面图：除了有与标准层平面图相同的内容外，还应表明引入口的位置，供、回水总管的走向、位置及采用的标准图号（或详图号），回水干管的位置，室内管沟（包括过门地沟）的位置和主要尺寸，活动盖板和管道支架的设置位置。

平面图常用的比例有 1 ∶ 50、1 ∶ 100、1 ∶ 200 等。

05 绘制供暖系统轴测图

动画：识读供暖系统图

系统轴测图，又称系统图，是表示供暖系统的空间布置情况、散热器与管道的空间连接形式，设备、管道附件等空间关系的立体图。

标有立管编号、管道标高、各管段管径，水平干管的坡度，散热器的片数及集气罐、膨胀水箱、阀件的位置、型号规格等。通过系统图，可了解供暖系统的全貌，其比例与平面图相同。

06 绘制供暖系统详图

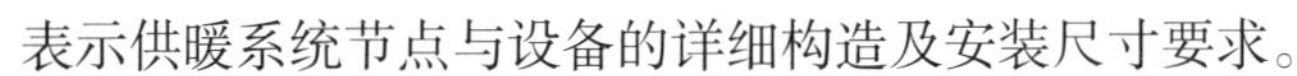

表示供暖系统节点与设备的详细构造及安装尺寸要求。

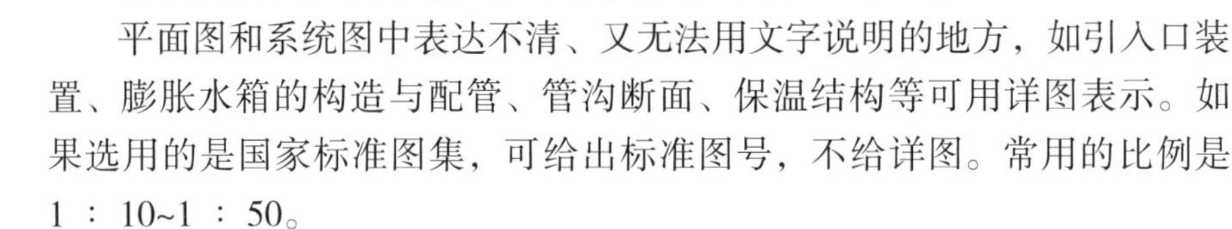

微课：识读供暖系统图

平面图和系统图中表达不清、又无法用文字说明的地方，如引入口装置、膨胀水箱的构造与配管、管沟断面、保温结构等可用详图表示。如果选用的是国家标准图集，可给出标准图号，不给详图。常用的比例是 1 ∶ 10~1 ∶ 50。

07 编写设计、施工说明

说明设计图纸无法表达的问题。

如热源情况、供暖设计热负荷、设计意图及系统形式，进出口压力差，散热器的种类、形式及安装要求，管道的敷设方式、防腐保温、水压试验要求，施工中需参照的有关专业施工图号或采用的标准图号等。

08 识读常见的供暖施工图例

常见供暖施工图例，如表 2-1 所示。

常见的供暖施工图例　　表 2-1

序号	名称	图例	序号	名称	图例
1	供暖供水（汽）管 回（凝结）水管		7	弧形伸缩器	
2	保温管		8	球形伸缩器	
3	软管		9	流向	
4	方形伸缩器		10	丝堵	
5	套管伸缩器		11	滑动支架	
6	波形伸缩器		12	固定支架	

续表

序号	名称	图例	序号	名称	图例
13	截止阀		25	电磁阀	
14	闸阀		26	角阀	
15	止回阀（通用）		27	三通阀	
16	安全阀		28	四通阀	
17	减压阀		29	节流孔板	
18	膨胀阀		30	散热器	
19	散热器放风门		31	集气罐	
20	手动排气阀		32	管道泵	
21	自动排气阀		33	过滤器	
22	疏水器		34	除污器	
23	散热器三通阀		35	暖风机	
24	球阀				

09 识读机械循环上供下回单管顺流式热水供暖系统供暖施工图

该设计为哈尔滨市某住宅楼供暖工程设计，系统采用机械循环上供下回单管顺流式热水供暖系统，供水温度 95℃，回水温度 70℃。

因小区锅炉房建在该住宅楼的北向，故供水引入管设在北向 7 号轴线左侧的管沟内，进入室内的供水总管沿外墙引至顶层顶棚下，在室内分成两个并联支环路。两个环路供水干管末端的最高点处设有集气罐，集气罐分别设在顶层厨房内，集气罐的放气管引至厨房内的洗涤盆上。

系统采用同程式系统形式，两并联环路的回水干管分别以北向为起端，在地沟内沿外墙敷设，在南向中部 6 号、7 号轴线间汇合，再沿中部室内地沟引至北向 7 号轴线左侧的管沟内，下降后与引入管使用同一地沟出户。

在本设计中供暖系统的引入管、出户管上各安装一个法兰闸阀；各并联环路的起、末端各安装一个法兰闸阀；各立管的上下端各安装一个闸阀。

本设计的施工图纸包括：一层平面图，二层平面图，顶层平面图和系统图，比例为 1 ∶ 100，施工图示例如图 2-7~ 图 2-10。

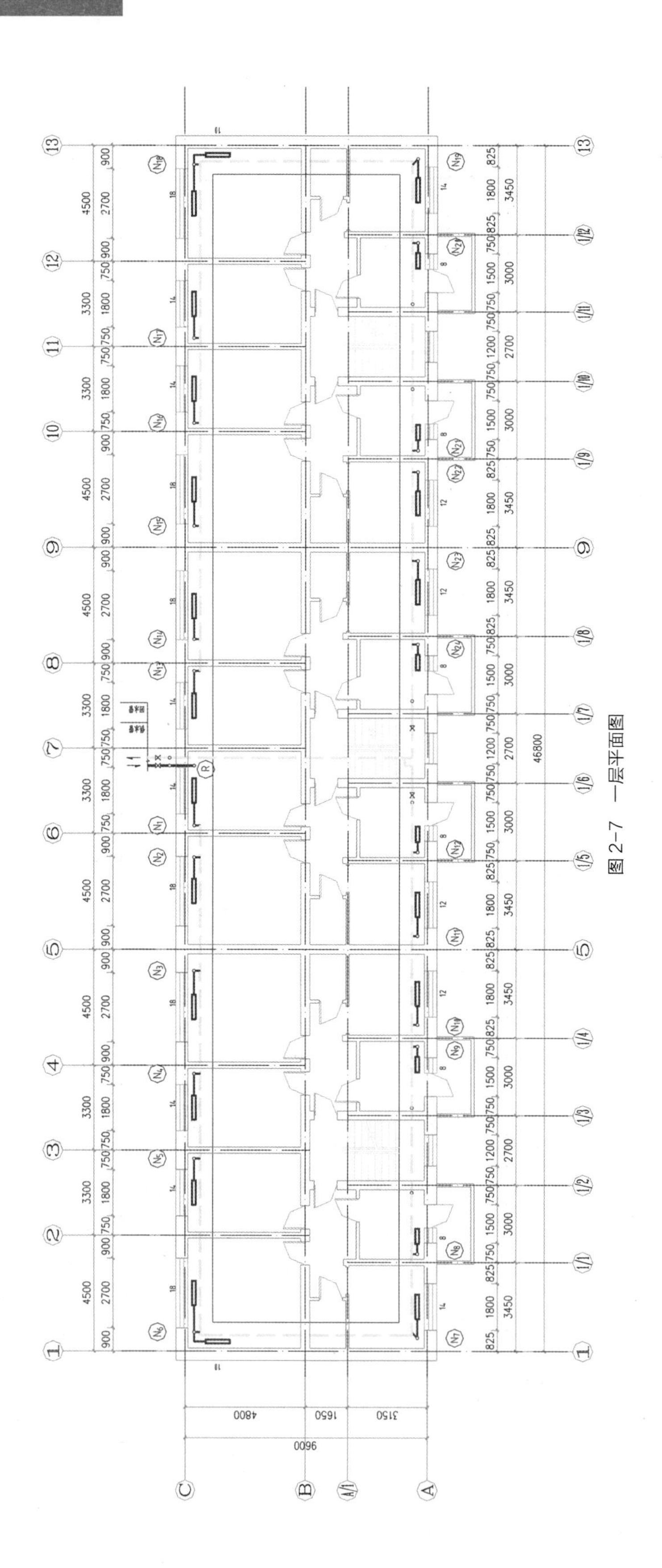

图 2-7　一层平面图

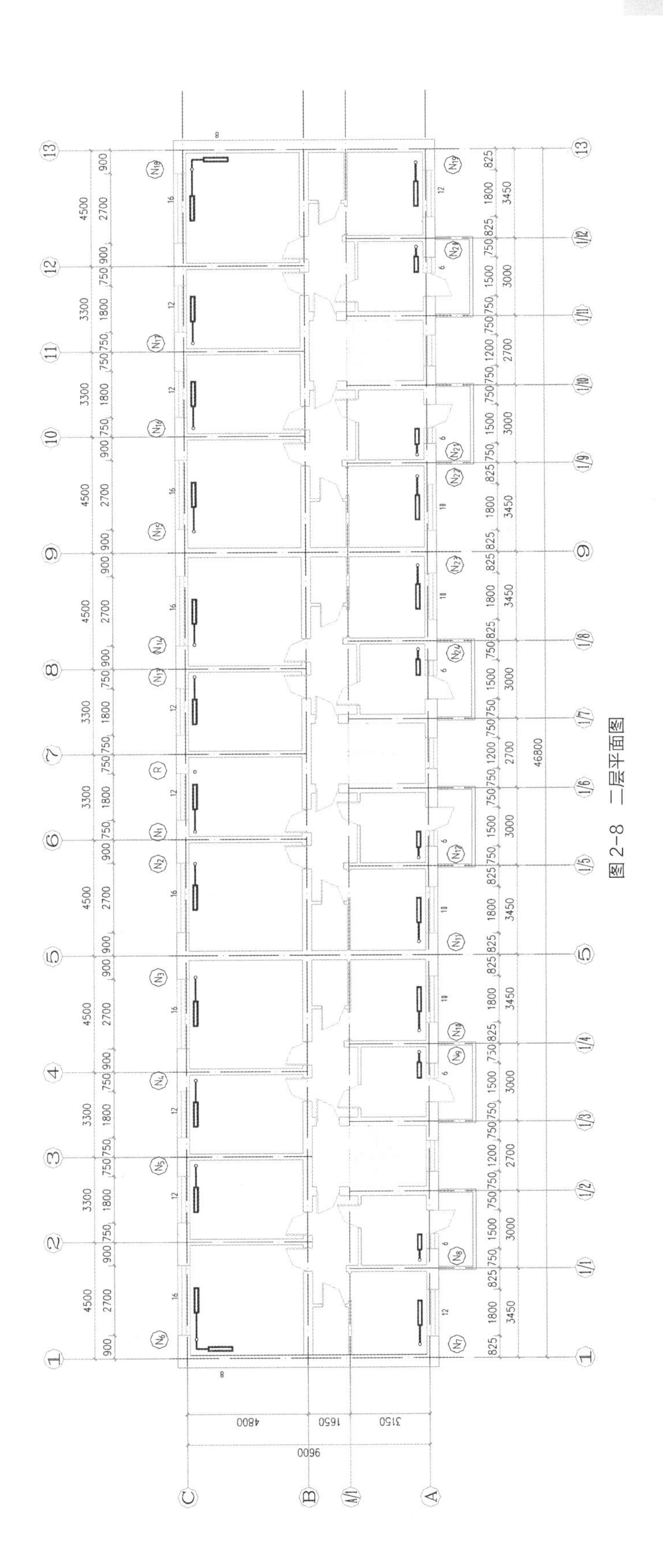

图 2-8 二层平面图

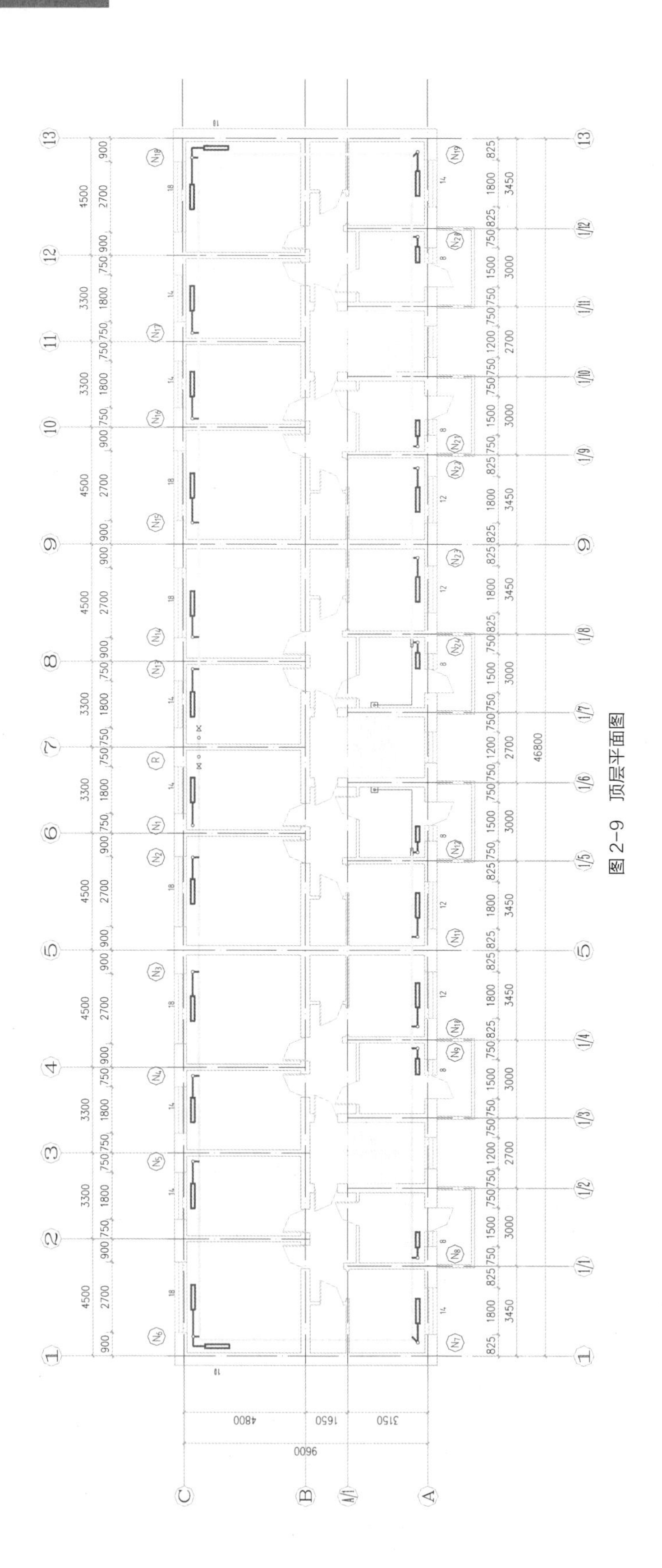

图 2-9　顶层平面图

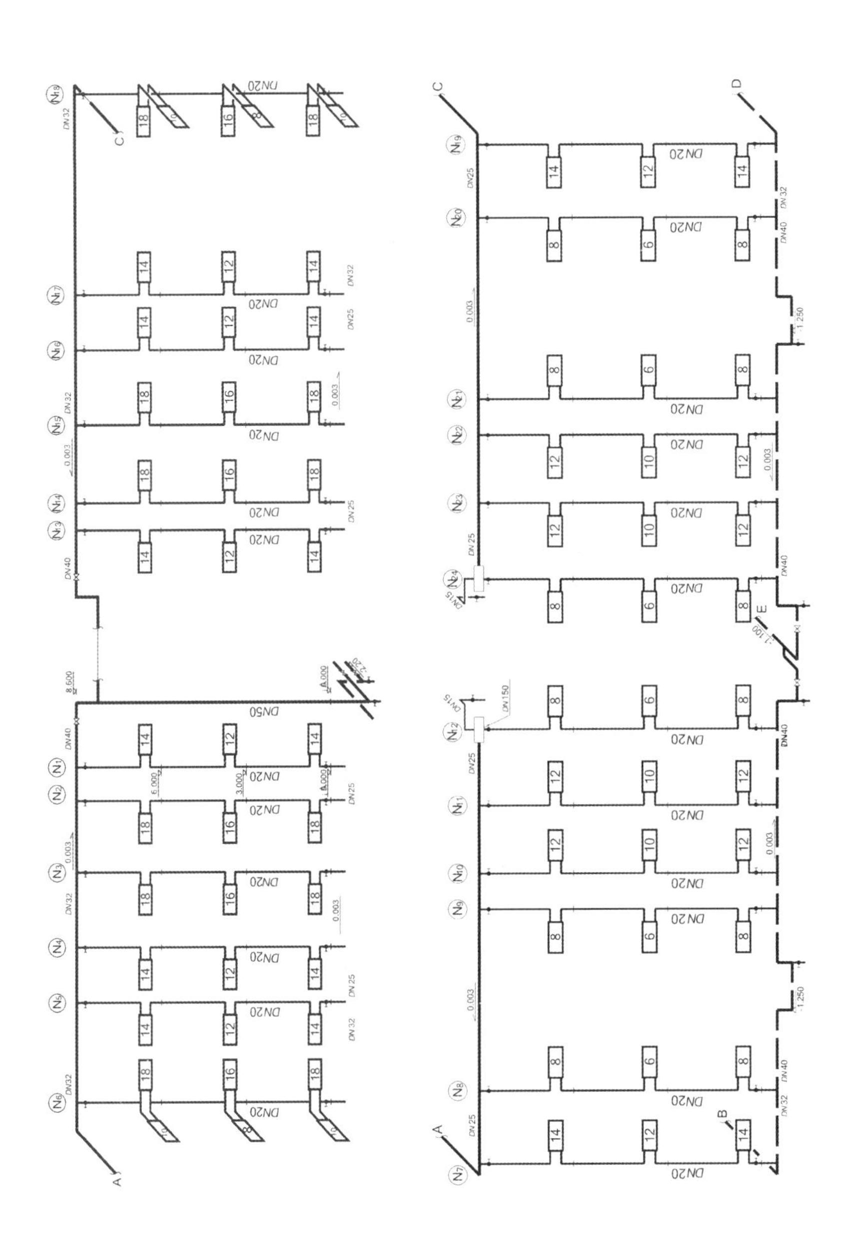

图 2-10 系统图

思 政

生理学家研究表明，冬季室内温度过高会影响人的体温调节功能，引起体温升高、血管舒张、脉搏加快、心率加速。室内温度长时间在 25℃以上，人就会神疲力乏、头昏脑涨、思维迟钝、记忆力下降。同时，由于室内外温差悬殊，人体难以适应，容易感冒。如果室内温度过低，则会使人体代谢功能下降，脉搏、呼吸减慢，皮下血管收缩，皮肤过度紧张，呼吸道黏膜的抵抗力减弱，容易诱发呼吸道疾病。因此，科学家们把人对“冷耐受”的下限温度和“热耐受”的上限温度，分别定为 11℃和 32℃。

通过实验测定，冬季最宜人的室内温度是 18~25℃，此温度范围内人最舒适，工作效率最高，精神状态最好，思维最敏捷。适宜的温度一直是每个供热企业不懈努力的目标，供热专业学生应具备社会服务意识，提高服务水平和质量，真正做到把百姓冷暖放在心上。

训 练

进行图 2–11、图 2–12 所示建筑物的机械循环上供下回单管顺流式热水供暖系统供暖施工图绘制。

该项目为哈尔滨市某供暖工程设计，系统采用机械循环上供下回单管顺流式热水供暖系统，供水温度 95℃，回水温度 70℃，小区锅炉房建在该住宅楼的北向。该建筑物层高为 3.9m。

本设计的施工图纸包括：各层平面图和系统图，比例为 1 ： 100。

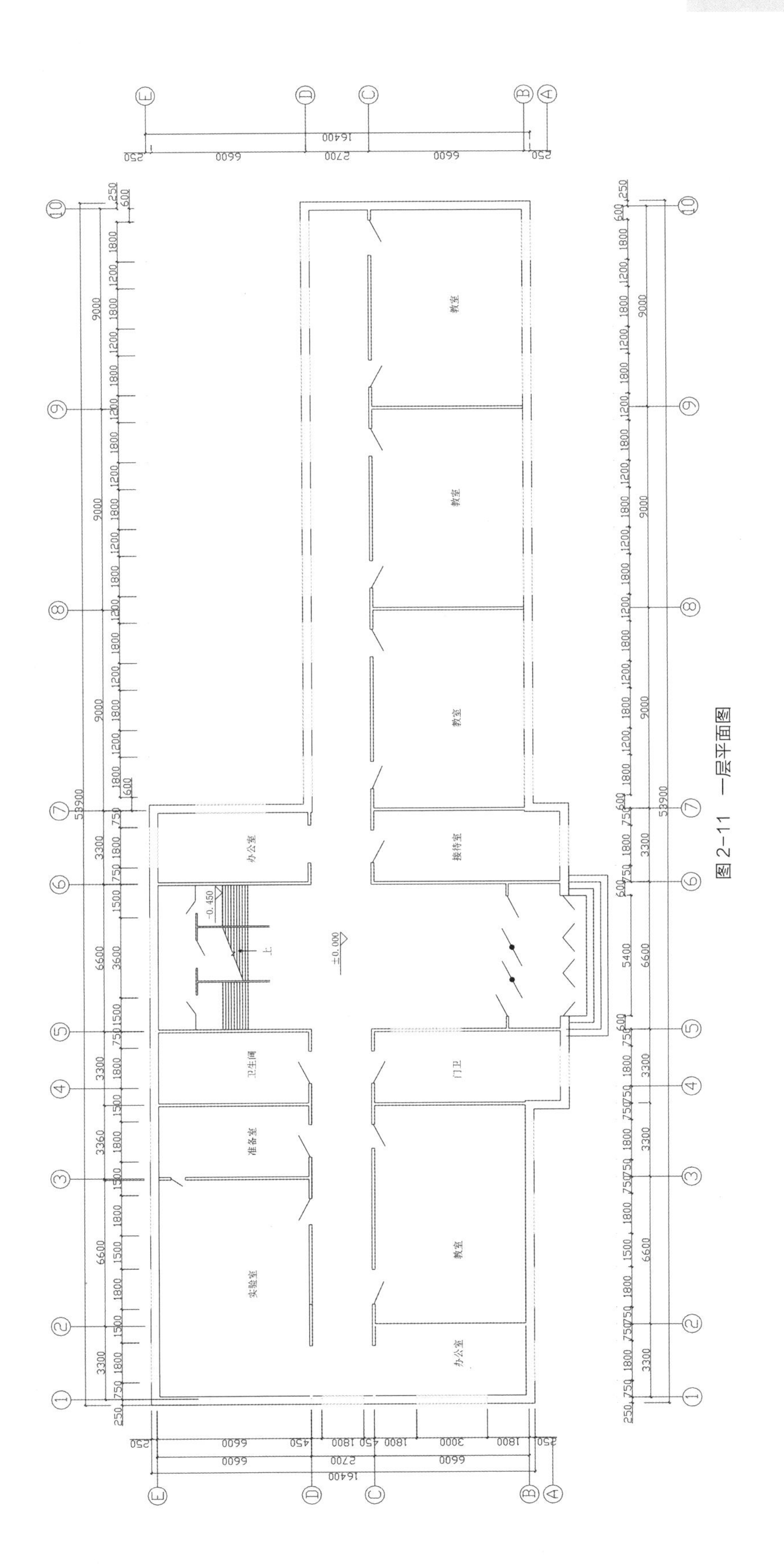

图 2-11 一层平面图

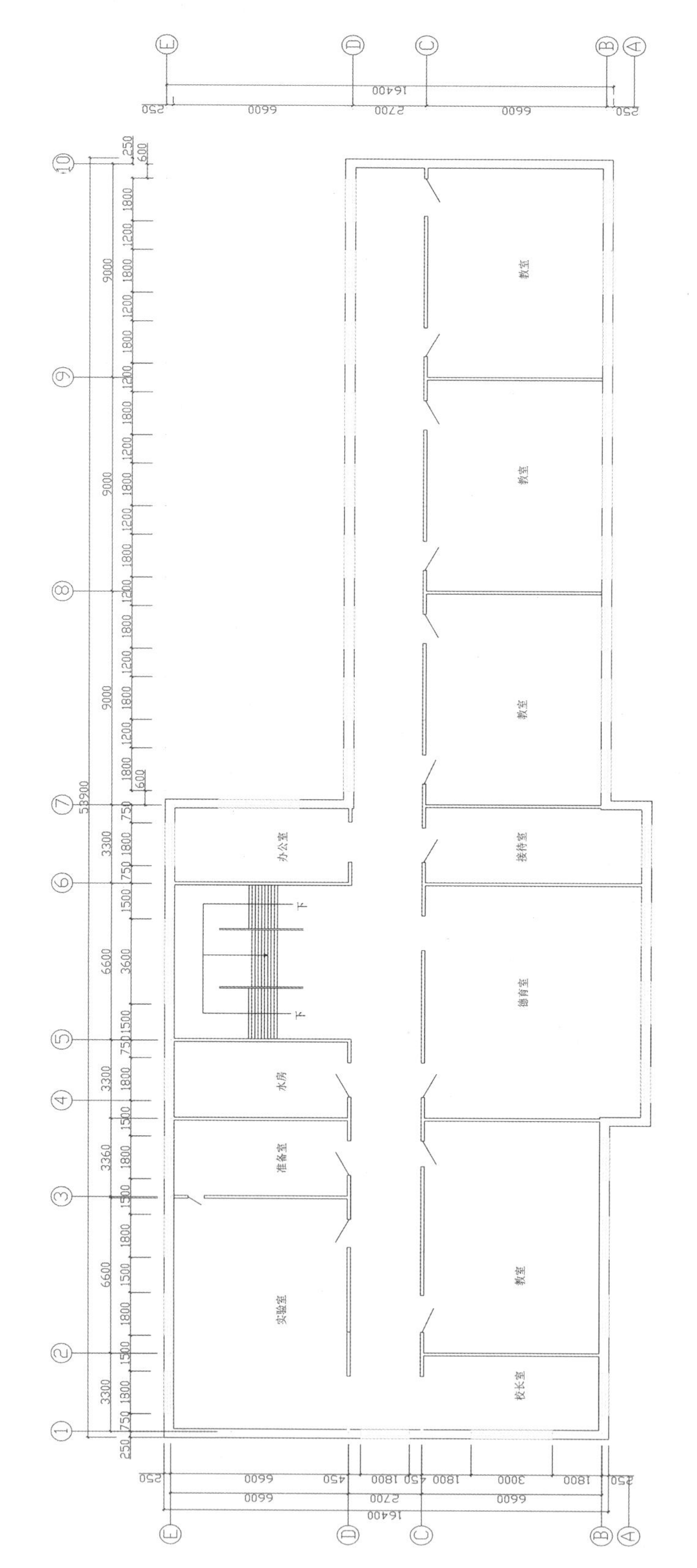
E D C B A
16400
250 6600 2700 6600 250
10 9 8 7 6 5 4 3 2 1
250 600 1800 1200 1800 1200 1800 1200 1800 1200 1800 1200 1800 1200 1800 1200 1800 1200 1800 600 750 1800 750 1500 3600 1500 750 1800 1500 1800 1500 1800 1500 1800 1500 1800 750 250
9000 9000 9000 3300 6600 3300 3360 6600 3300
53900
250 600 1800 1200 1800 1200 1800 1200 1800 1200 1800 1200 1800 1200 1800 1200 1800 1200 1800 600 750 1800 750 1800 1500 1800 750 750 1800 750 750 1800 750 750 1800 1500 1800 750 750 1800 750 250
9000 9000 9000 3300 6600 3300 3300 6600 3300
53900
教室
教室
教室
接待室
德育室
教室
校长室
办公室
水房
准备室
实验室
下
下
250 6600 450 1800 450 1800 3000 1800 250
6600 2700 6600
16400
E D C B A

图 2-12　二层平面图

笔记页

实训项目3

供暖系统散热器选择和计算

实训目的

通过本次实践训练，使学生：

1.掌握散热器的选择和计算方法；

2.养成规矩做事的习惯，具备创新思维能力和自我学习能力。

实训内容

1.选择散热器形式，进行散热器布置；

2.计算散热器面积及片数。

01 选择散热器形式（图 3-1）

微课：散热器的选择

应根据实际情况，选择经济、适用、耐久、美观的散热器。选用散热器时，应考虑系统的工作压力，选用承压能力符合要求的散热器；有腐蚀性气体的生产厂房或相对湿度大的房间，应选用铸铁散热器；热水供暖系统选用钢制散热器时，应采取防腐措施；热水供暖系统选用散热器时，应注意采用等电位连接，即钢制散热器与铝制散热器不宜在同一热水供暖系统中使用；蒸汽供暖系统不得选用钢制柱型、板型、扁管型散热器；散发粉尘或防尘要求较高的生产厂房，应选用表面光滑，积灰易清扫的散热器；热计量系统不宜采用水道有粘砂的铸铁散热器；民用建筑选用的散热器尺寸应符合要求，且外表面光滑、美观，不易积灰。

（a）

（b）

（c）

图 3-1　散热器形式

（a）铸铁散热器；（b）钢制散热器；（c）铝制散热器

02 布置散热器（图 3-2）

散热器一般布置在外墙窗台下，这样能迅速加热室外渗入的冷空气，阻挡沿外墙下降的冷气流，改善外窗、外墙对人体冷辐射的影响，使室温均匀。

图 3-2　外墙窗台下的散热器

为防止散热器冻裂，两道外门之间、门斗及开启频繁的外门附近不宜设置散热器。设在楼梯间或其他有冻结危险地方的散热器，立、支管宜单独设置，其上不允许安阀门。楼梯间布置散热器时，考虑热气流上升的影响应尽量布置在底层或按一定比例分布在下部各层。散热器一般明装或装在深度不超过 130mm 的墙槽内。托儿所、幼儿园以及装修卫生要求较高的空间可考虑在散热器外加网罩、格栅、挡板等。

散热器的安装尺寸应保证：底部距地面不小于 60mm，通常取为 150mm；顶部距窗台板不小于 50mm；背部与墙面净距不小于 25mm。

03 计算散热器的散热面积

供暖房间的散热器向房间供应热量以补偿房间的热损失。根据热平衡原理，散热器的散热量应等于房间的供暖设计热负荷。

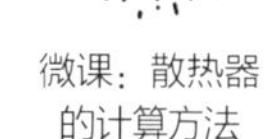

微课：散热器的计算方法

散热器散热面积的计算公式为：

$$F=\frac{Q}{K\left(t_{pj}-t_n\right)}\beta_1\beta_2\beta_3 \qquad (3\text{–}1)$$

式中 F——散热器的散热面积（m^2）；

Q——散热器的散热量（W）；

K——散热器的传热系数 [W/（m^2·℃）]；

t_{pj}——散热器内热媒平均温度（℃）；

t_n——供暖室内计算温度（℃）；

β_1——散热器组装片数修正系数；

β_2——散热器连接形式修正系数；

β_3——散热器安装形式修正系数。

（1）确定散热器的传热系数 K

散热器的传热系数 K 是表示当散热器内热媒平均温度 t_{pj} 与室内空气温度 t_n 的差为 1℃时，每 m^2 散热面积单位时间放出的热量。选用散热器时希望其传热系数越大越好。

影响散热器传热系数的最主要因素是其内热媒平均温度与室内空气温度的差值 Δt_{pj}。另外散热器的材质、几何尺寸、结构形式、表面喷涂、热媒种类、温度、流量、室内空气温度、散热器的安装方式、片数等条件都将影响传热系数的大小。因而无法用理论推导求出各种散热器的传热系数值，只能通过实验方法确定。

国际标准化组织（ISO）规定：确定散热器的传热系数 K 值的实验，应在一个长 × 宽 × 高为（4 ± 0.2）m ×（4 ± 0.2）m ×（2.8 ± 0.2）m 的封闭小室内，保证室温恒定下进行，散热器应无遮挡，敞开设置。

通过实验方法可得到散热器传热系数公式：

$$K=a\left(\Delta t_{pj}\right)^{b}=a\left(t_{pj}-t_n\right)^{b} \qquad (3\text{–}2)$$

式中 K——在实验条件下，散热器的传热系数 [W/（m^2·℃）]；

a、b——由实验确定的系数，取决于散热器的类型和安装方式；

Δt_{pj}——散热器内热媒与室内空气的平均温差，$\Delta t_{pj}=t_{pj}-t_n$。

从式（3–2）可以看出散热器内热媒平均温度与室内空气温差 Δt_{pj} 越大，散热器的传热系数 K 值就越大，传热量就越多。

表 3–1 为各种不同类型铸铁散热器传热系数的公式。

铸铁散热器规格及其传热系数 K 值　　表 3–1

型号	散热面积（m^2/片）	水容量（L/片）	质量（kg/片）	工作压力（MPa）	传热系数计算公式 [W/（m^2·℃）]	热水热媒当 Δt=64.5℃时的 K 值 [W/（m^2·℃）]	不同蒸汽表压力（MPa）下的 K 值 [W/（m^2·℃）]		
							0.03	0.07	≥ 0.1
$TC_{028/5-4}$，长翼型（大 60）	1.16	8	28	0.4	$K=1.743\Delta t^{0.28}$	5.59	6.12	6.27	6.36
TZ_{2-5-5}（M–132 型）	0.24	1.32	7	0.5	$K=2.426\Delta t^{0.286}$	7.99	8.75	8.97	9.10
TZ_{4-6-5}（四柱 760 型）	0.235	1.16	6.6	0.5	$K=2.503\Delta t^{0.293}$	8.49	9.31	9.55	9.69
TZ_{4-5-5}（四柱 640 型）	0.20	1.03	5.7	0.5	$K=3.663\Delta t^{0.16}$	7.13	7.51	7.61	7.67
TZ_{2-5-5}（二柱 700 型，带腿）	0.24	1.35	6	0.5	$K=2.02\Delta t^{0.271}$	6.25	6.81	6.97	7.07
四柱 813 型（带腿）	0.28	1.4	8	0.5	$K=2.237\Delta t^{0.302}$	7.87	8.66	8.89	9.03
圆翼型	1.8	4.42	38.2	0.5					
单排						5.81	6.97	6.97	7.79
双排						5.08	5.81	5.81	6.51
三排						4.65	5.23	5.23	5.81

注：1. 本表前 4 项由原哈尔滨建筑工程学院 ISO 散热器试验台测试，其余柱型由清华大学 ISO 散热器试验台测试。
2. 散热器表面喷银粉漆、明装、同侧连接上进下出。
3. 圆翼型散热器因无实验公式，暂采用以前一些手册的数据。
4. 此为密闭实验台测试数据，在实际情况下，散热器的 K 和 Q 值，约比表中数值增大 10%。

（2）确定散热器内热媒平均温度

散热器内热媒平均温度 t_{pj} 应根据热媒种类（热水或蒸汽）和系统形式确定。

热水供暖系统

$$t_{pj}=\frac{t_j+t_c}{2} \quad (3-3)$$

式中 t_{pj}——散热器内热媒平均温度（℃）；

t_j——散热器的进水温度（℃）；

t_c——散热器的出水温度（℃）。

对于双管热水供暖系统，各组散热器是并联关系，散热器的进出口水温可分别按系统的供、回水温度确定。例如，低温热水供暖系统，供水温度 95℃，回水温度 70℃，热媒平均温度为：

$$t_{pj}=\frac{(95+70)}{2}=82.5\ ℃ \tag{3-4}$$

对于单管热水供暖系统，各组散热器是串联关系，因水温沿流向逐层降低，需确定各管段的混合水温之后逐一确定各组散热器的进、出口温度，进而求出散热器内热媒平均温度。

蒸汽供暖系统，当蒸汽压力 $p\leqslant 30$kPa（表压）时，t_{pj} 取 100℃；当蒸汽压力 $p>30$kPa（表压）时，t_{pj} 取与散热器进口蒸汽压力相对应的饱和温度。

（3）确定散热器传热系数的修正系数

散热器传热系数的计算公式是在特定条件下通过实验确定的，如果实际使用条件与测定条件不相符，就需要对传热系数 K 进行修正。

1）组装片数修正系数 β_1　测定散热器的传热系数时，柱型散热器是以 10 片为一组进行实验的，在实际使用过程中单片散热器是成组的，各相邻片之间彼此吸收辐射热，热量不能全部散出去，只有两端散热器的外侧表面才能把绝大部分辐射热量传给室内，这减少了向房间的辐射热量。因此组装片数超过 10 片后，相互吸收辐射热的面积占总面积的比例会增加，散热器单位面积的平均散热量会减少，传热系数 K 值也会随之降低，需要修正 K 值，增大散热面积。反之，片数少于 6 片后，散热器单位面积的平均散热量会增加，K 值也会增加，需要减小散热面积。

散热器组装片数修正系数 β_1 见表 3-2。

散热器组装片数修正系数 β_1　　表 3-2

每组片数	＜6	6~10	11~20	＞20
β_1	0.95	1.00	1.05	1.10

注：仅适用于柱型散热器，长翼型和圆翼型不修正。

2）连接形式修正系数 β_2　实验测定散热器传热系数时，散热器与支管的连接形式为同侧上进下出，这种连接形式散热器外表面的平均温度最高，散热器散热量最大。如果采用表 3-3 所列的其他连接形式，散热器外表面平均温度会明显降低，t_{pj} 也远比同侧上进下出连接形式低，传热系数 K 也会减小，因此需要对传热系数进行修正，取 $\beta_2>1$，增加其散热面积。

表 3-3 列出了不同连接形式时，散热器传热系数的修正系数 β_2。

散热器连接形式修正系数 β_2 表 3–3

连接形式	同侧上进下出	异侧上进下出	异侧下进下出	异侧下进上出	同侧下进上出
M–132 型	1.0	1.009	1.251	1.386	1.396
长翼型（大 60）	1.0	1.009	1.225	1.331	1.396

3）安装形式修正系数 β_3　实验确定传热系数 K 时，是在散热器完全敞开，没有任何遮挡的情况下测定的。如果实际安装形式发生变化，有时会增加散热器的散热量（如散热器外加对流罩）；有时会减少散热量（如加装遮挡罩板）。因此需要考虑对散热器传热系数 K 进行修正。

表 3–4 列出了散热器安装形式修正系数 β_3。

散热器安装形式修正系数 β_3 表 3–4

装置示意	装置说明	系数 β_3
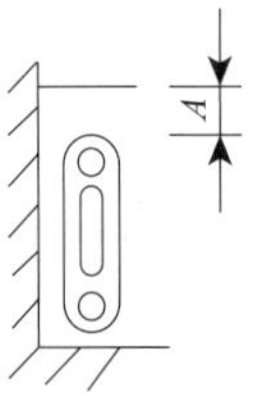	散热器安装在墙面上加盖板	A=40mm 时 β_3=1.05 A=80mm 时 β_3=1.03 A=100mm 时 β_3=1.02
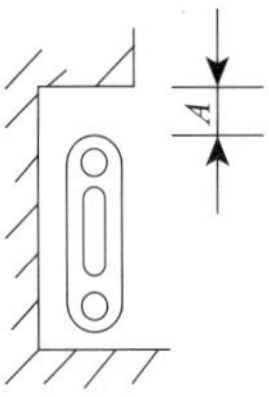	散热器装在墙龛内	A=40mm 时 β_3=1.11 A=80mm 时 β_3=1.07 A=100mm 时 β_3=1.06
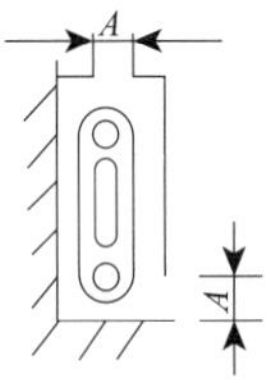	散热器安装在墙面，外面有罩，罩子上面及前面下端有空气流通孔	A=260mm 时 β_3=1.12 A=220mm 时 β_3=1.13 A=180mm 时 β_3=1.19 A=150mm 时 β_3=1.25
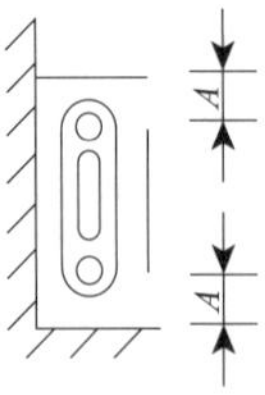	散热器安装形式同前，但空气流通孔开在罩子前面上下两端	A=130mm，孔口敞开时 β_3=1.2 孔口有格栅式网状物盖着时 β_3=1.4

续表

装置示意	装置说明	系数 β_3
	安装形式同前，但罩子上面空气流通孔宽度 C 不小于散热器的宽度，罩子前面下端的孔口高度不小于 100mm，其他部分为格栅	A=100mm 时 β_3=1.15
	安装形式同前，空气流通口开在罩子前面上下两端，其宽度如图所示	β_3=1.0
	散热器用挡板挡住，挡板下端留有空气流通口，其高度为 0.8A	β_3=0.9

注：散热器明装，敞开布置，β_3=1.0。

（4）计算散热器的片数或长度

$$n=\frac{F}{f} \tag{3-5}$$

式中 n——散热器的片数或长度（片或 m）；

F——所需散热器的散热面积（m^2）；

f——每片或每米散热器的散热面积（m^2/ 片或 m^2/m），可查表 3-1 确定。

实际设置时，散热器每组片数或长度只能取整数。《民用建筑供暖通风与空气调节设计规范》GB 50736 规定，柱型散热器面积可比计算值小 0.1m^2，翼型或其他散热器的散热面积可比计算值小 5%。

另外，铸铁散热器的组装片数，粗柱型（M—132）不宜超过 20 片；细柱型不宜超过 25 片；长翼型不宜超过 7 片。

微课：散热器计算示例

（5）计算示例：试计算图 3-3 所示立管各组散热器的面积及片数。

每组散热器的热负荷已标于图中，单位为 W。系统供水温度 95℃，回水温度 70℃。选用二柱 M—132 型散热器，装在墙龛内，上部距窗台板 100mm。供暖室内计算温度 t_n=18℃。

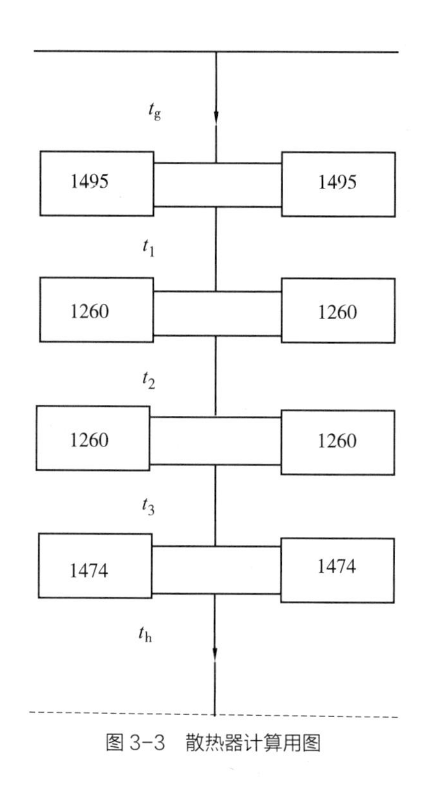

图 3-3 散热器计算用图

【**解**】计算步骤：

1）计算各立管管段的水温

$$t_1=t_g-\frac{\Sigma Q_{i-1}(t_g-t_h)}{\Sigma Q}=95-\frac{1495\times2\times(95-70)}{(1495+1260+1260+1474)\times2}=88.19℃$$

$$t_2=95-\frac{(1495+1260)\times2\times(95-70)}{(1495+1260+1260+1474)\times2}=82.45℃$$

$$t_3=95-\frac{(1495+1260+1260)\times2\times(95-70)}{(1495+1260+1260+1474)\times2}=76.71℃$$

2）计算各组散热器的热媒平均温度 t_{pj}

$$t_{pj4}=\frac{95+88.19}{2}=92℃$$

$$t_{pj3}=\frac{88.19+82.45}{2}=85℃$$

$$t_{pj2}=\frac{82.45+76.71}{2}=80℃$$

$$t_{pj1}=\frac{76.71+70}{2}=73℃$$

3）计算散热器的传热系数 K

M—132 型散热器传热系数的计算公式为 $K=2.426\Delta t_{pj}^{0.286}$，所以

K_4=2.426×（92−18）$^{0.286}$=8.31 W /（m^2·℃）

K_3=2.426×（85−18）$^{0.286}$=8.08 W /（m^2·℃）

K_2=2.426×（80−18）$^{0.286}$=7.90 W /（m^2·℃）

K_1=2.426×（73−18）$^{0.286}$=7.65 W /（m^2·℃）

4）计算散热器面积 F

四层：先假设片数修正系数 β_1=1.0，查表，同侧上进下出连接形式修正系数 β_2=1.0；查散热器安装形式修正系数表 β_3=1.06，则

$$F_4=\frac{Q_4}{K_4(t_{pj4}-t_n)}\beta_1\beta_2\beta_3=\frac{1495}{8.31\times(92-18)}\times1\times1\times1.06=2.58\text{m}^2$$

$$F_3=\frac{Q_3}{K_3(t_{pj3}-t_n)}\beta_1\beta_2\beta_3=\frac{1260}{8.08\times(85-18)}\times1\times1\times1.06=2.47\text{m}^2$$

$$F_2=\frac{Q_2}{K_2(t_{pj2}-t_n)}\beta_1\beta_2\beta_3=\frac{1260}{7.90\times(80-18)}\times1\times1\times1.06=2.73\text{m}^2$$

$$F_1=\frac{Q_1}{K_1(t_{pj1}-t_n)}\beta_1\beta_2\beta_3=\frac{1474}{7.65\times(73-18)}\times1\times1\times1.06=3.72\text{m}^2$$

5）计算散热器的片数 n

M—132 型散热器每片面积 f=0.24m^2/ 片，得

$$n_4=\frac{2.58\text{m}^2}{0.24\text{m}^2/\text{片}}=10.75\text{ 片}$$

查片数修正系数表 β_1=1.05

10.75×1.05=12.29 片　0.29×0.24=0.07m^2 ＜ 0.1m^2

因此 n_4=12 片

同 理 n_3=2.47/0.24=10.29 片　10.29×1.05=10.8 片

0.8×0.24=0.192m^2>0.1m^2　因此 n_3=11 片

n_2=2.73/0.24=11.38 片　11.38×1.05=11.95 片

0.95×0.24=0.228m^2 ＞ 0.1m^2　因此 n_2=12 片

n_1=3.72/0.24=15.5 片　15.5×1.05=16.28 片

0.28×0.24=0.07m^2 ＜ 0.1m^2　因此 n_1=16 片

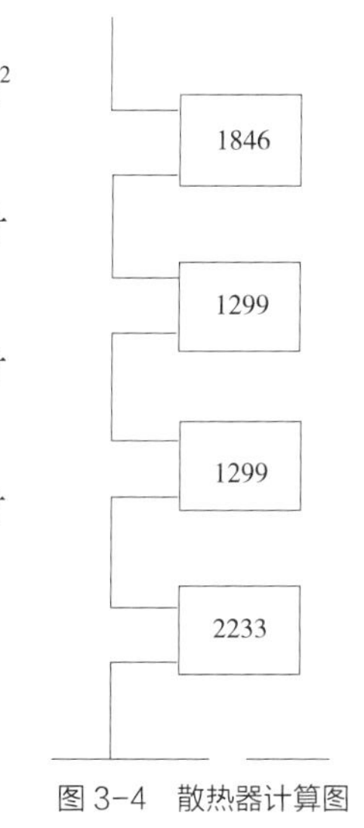

图 3-4　散热器计算图

思政

选择散热设备时既应满足社会效益又应满足经济效益。无论何种散热设备，只要合适就是好的。应根据用户的使用条件、使用要求，选择经济、适用、耐久、美观的散热设备。随着集中供热技术的不断成熟、完善，越来越多的新材料、新技术、新工艺、新设备被广泛应用，其安全可靠性大大提高。在降低人力、物力资源消耗的同时，还应综合考虑初装费用和运行费用，真正让用户一次投资，长期受益。

在当今各行各业迅速发展的大背景下，同学们应大胆创新，努力探索，积极推动供热事业稳步健康发展。

试进行图 3-4 所示系统的散热器计算，将计算结果填入表 3-5 散热器计算表中。

散热器计算表 表 3-5

立管号	房间号	房间名称	热负荷 Q（W）	室内温度 t_n（℃）	热媒平均温度 t_{pj}（℃）	平均温差 Δt_{pj}（℃）	散热器传热系数 K[W/（m^2·℃）]	散热器面积 F（m^2）	散热器片数 n（片）	修正系数				修正后片数 n（片）	散热器实际热负荷 Q_s（W）	备注
										片数 β_1	安装方式 β_2	连接方式 β_3				
1	2	3	4	5	6	7	8	9	10	11	12	13	14	15	16	17

实训项目 4

供暖系统管路水力计算

实训目的

通过本次实践训练，使学生：

1.掌握供暖系统管路等温降水力计算方法；

2.具备不畏艰难、迎难而上、刻苦学习的精神。

实训内容

进行机械循环同程式供暖系统等温降水力计算方法训练。

01 供暖系统的等温降水力计算方法

微课：机械循环同程式热水供暖系统等温降法水力计算方法

等温降法是采用相同的设计温降进行水力计算的一种方法。

等温降法认为双管系统每组散热器的水温降相同，单管系统每根立管的供回水温降相同，在这个前提下计算各管段流量，进而确定各管段管径。等温降法简便、易于计算，但不易使各并联环路阻力达到平衡，运行时易出现近热远冷的水平失调问题。

等温降法的计算步骤。

（1）根据已知温降，计算各管段流量：

$$G=\frac{3600Q}{4.187\times10^{3}\times(t_{g}^{'}-t_{h}^{'})}=\frac{0.86Q}{(t_{g}^{'}-t_{h}^{'})} \tag{4-1}$$

式中 G——各计算管段流量（kg/h）；

Q——各计算管段的热负荷（W）；

t_g'——系统的设计供水温度（℃）；

t_h'——系统的设计回水温度（℃）。

（2）根据系统的循环作用压力，确定最不利环路的平均比摩阻 R_{pj}

$$R_{pj}=\frac{\alpha\Delta p}{\Sigma L} \tag{4-2}$$

式中 R_{pj}——最不利循环环路的平均比摩阻（Pa/m）；

Δp——最不利循环环路的作用压力（Pa）；

α——沿程压力损失占总压力损失的估计百分数，可查表 4-1 确定；

ΣL——环路的总长度（m）。

如果系统的循环作用压力暂时无法确定，平均比摩阻 R_{pj} 也就无法计算，这时可选用一个比较合适的平均比摩阻 R_{pj} 来确定管径。选用的比摩阻 R_{pj} 值越大，需要的管径越小，这虽然会降低系统的基建投资和热损失，但系统循环水泵的投资和运行电耗会随之增加，这就需要确定一个经济的比摩阻，使得在规定的计算年限内总费用为最小。

机械循环热水供暖系统推荐选用的经济平均比摩阻 R_{pj} 一般为 60~120Pa/m。

供暖系统中沿程损失与局部损失的概略分配比例 α　　表 4-1

供暖系统形式	沿程损失（%）	局部损失（%）
自然循环热水供暖系统	50	50
机械循环热水供暖系统	50	50
低压蒸汽供暖系统	60	40
高压蒸汽供暖系统	80	20
室内高压凝结水管路系统	80	20

（3）根据经济平均比摩阻 R_{pj} 和各管段流量 G，查表 4-2，60℃热水管道水力计算表选出最接近的管径 d，确定该管径下管段的实际比摩阻 R_{sh} 和实际流速 v_{sh}。

（4）计算确定各管段的沿程压力损失 p_y。

（5）查表 4-3，热水及蒸汽供暖系统局部阻力系数 ξ 值。查表 4-4，热水供暖系统局部阻力系数 ξ=1 的局部损失（动压力）值，确定各管段的局部阻力系数 $\sum\xi$，计算确定各管段的局部压力损失 p_j。

（6）确定系统总的压力损失 Δp。

热水及蒸汽供暖系统局部阻力系数 ξ 值　　表 4-3

局部阻力名称	ξ	说明	局部阻力系数	在下列管径（DN）时的 ξ 值					
				15	20	25	32	40	≥ 50
双柱散热器	2.0	以热媒在导管中的流速计算局部阻力							
铸铁锅炉	2.5								
钢制锅炉	2.0								
			截止阀	1.6	10.0	9.0	9.0	8.0	7.0
突然扩大	1.0	以其中较大的流速计算局部阻力	旋塞	4.0	2.0	2.0	2.0		
突然缩小	0.5		斜杆截止阀	3.0	3.0	3.0	2.5	2.5	2.0
			闸阀	1.5	0.5	0.5	0.5	0.5	0.5
			弯头	2.0	2.0	1.5	1.5	1.0	1.0
直流三通（图①）	1.0		90° 摵弯及乙字管	1.5	1.5	1.0	1.0	0.5	0.5
旁流三通（图②）	1.5								
合流三通（图③）	3.0		括弯（图⑥）	3.0	2.0	2.0	2.0	2.0	2.0
分流三通			急弯双弯头	2.0	2.0	2.0	2.0	2.0	2.0
直流四通（图④）	2.0		缓弯双弯头	1.0	1.0	1.0	1.0	1.0	1.0
分流四通（图⑤）	3.0								
方形补偿器	2.0								
套管补偿器	0.5								

60℃热水管道水力计算表

表 4-2

	DN=15	DN=15	DN=20	DN=20	DN=25	DN=25	DN=32	DN=32	DN=40	DN=40	DN=50	DN=50	DN=70
G	d=15.75	d=15.75	d=21.25	d=21.25	d=27.00	d=27.00	d=35.75	d=35.75	d=41.00	d=41.00	d=53.00	d=53.00	d=68.00
	ΔP_m	v	ΔP_m	v	ΔP_m	v	ΔP_m	v	ΔP_m	v	ΔP_m	v	ΔP_m
24	2.11	0.03											
28	2.47	0.04											
32	2.82	0.05											
36	3.17	0.05											
40	3.52	0.06	1.06	0.03									
44	3.88	0.06	1.17	0.04									
48	4.23	0.07	1.28	0.04									
52	6.00	0.08	1.38	0.04									
56	7.14	0.08	1.49	0.04									
60	8.38	0.09	1.60	0.05									
64	9.75	0.09	1.70	0.05	0.65	0.03							
68	11.23	0.10	2.27	0.05	0.69	0.03							
72	12.83	0.10	2.60	0.06	0.73	0.04							
76	14.56	0.11	2.95	0.06	0.78	0.04							
80	16.41	0.12	3.32	0.06	0.82	0.04							
84	23.75	0.12	3.72	0.07	1.04	0.04							
88	25.88	0.13	4.15	0.07	1.16	0.04							

续表

G	DN=15 d=15.75 ΔP_m	DN=15 d=15.75 v	DN=20 d=21.25 ΔP_m	DN=20 d=21.25 v	DN=25 d=27.00 ΔP_m	DN=25 d=27.00 v	DN=32 d=35.75 ΔP_m	DN=32 d=35.75 v	DN=40 d=41.00 ΔP_m	DN=40 d=41.00 v	DN=50 d=53.00 ΔP_m	DN=50 d=53.00 v	DN=70 d=68.00 ΔP_m
95	29.81	0.14	4.96	0.08	1.38	0.05							
105	35.89	0.15	6.26	0.08	1.75	0.05							
115	39.13	0.16	6.98	0.09	1.95	0.05	0.44	0.03					
125	46.03	0.17	10.17	0.10	2.38	0.06	0.53	0.03					
135	53.47	0.19	11.76	0.10	2.87	0.06	0.64	0.04					
145	61.45	0.20	13.47	0.11	3.42	0.07	0.76	0.04					
155	69.98	0.22	15.29	0.12	4.63	0.07	0.90	0.04	0.43	0.03			
165	79.00	0.23	17.22	0.13	5.21	0.08	1.04	0.05	0.50	0.03			
175	88.51	0.25	19.26	0.14	5.81	0.08	1.20	0.05	0.58	0.04			
185	98.76	0.26	21.41	0.14	6.45	0.09	1.37	0.05	0.66	0.04			
195	109.45	0.28	23.68	0.15	7.11	0.09	1.56	0.05	0.75	0.04			
210	120.69	0.29	26.05	0.16	7.82	0.10	1.95	0.06	0.85	0.04			
230	144.78	0.32	31.14	0.18	9.31	0.11	2.31	0.06	1.18	0.05			
250	171.04	0.35	36.65	0.19	10.92	0.12	2.70	0.07	1.38	0.05	0.33	0.03	
270	199.46	0.38	42.59	0.21	12.66	0.13	3.12	0.07	1.59	0.06	0.40	0.03	
290	230.05	0.41	49.00	0.22	14.52	0.14	3.57	0.08	1.82	0.06	0.47	0.04	
310	262.81	0.43	55.83	0.24	16.50	0.15	4.05	0.08	2.06	0.06	0.59	0.04	

续表

	DN=15	DN=15	DN=20	DN=20	DN=25	DN=25	DN=32	DN=32	DN=40	DN=40	DN=50	DN=50	DN=70
G	d=15.75	d=15.75	d=21.25	d=21.25	d=27.00	d=27.00	d=35.75	d=35.75	d=41.00	d=41.00	d=53.00	d=53.00	d=68.00
	ΔP_m	v	ΔP_m	v	ΔP_m	v	ΔP_m	v	ΔP_m	v	ΔP_m	v	ΔP_m
330	297.71	0.46	63.10	0.25	18.62	0.16	4.56	0.09	2.31	0.07	0.66	0.04	
350	334.76	0.49	70.81	0.27	20.84	0.17	5.09	0.10	2.58	0.07	0.73	0.04	
370	373.97	0.52	78.92	0.29	23.20	0.18	5.65	0.10	2.86	0.08	0.81	0.05	
390	415.66	0.55	87.50	0.30	25.67	0.19	6.24	0.11	3.16	0.08	0.89	0.05	
410	459.22	0.58	96.58	0.32	28.27	0.20	6.86	0.11	3.47	0.09	0.98	0.05	0.29
430	504.95	0.61	106.02	0.33	31.00	0.21	7.50	0.12	3.79	0.09	1.07	0.05	0.32
450	552.83	0.64	115.90	0.35	33.84	0.22	8.18	0.12	4.13	0.09	1.16	0.06	0.35
470	602.89	0.67	126.23	0.37	36.81	0.23	8.88	0.13	4.48	0.10	1.26	0.06	0.37
490	655.10	0.70	136.99	0.38	39.90	0.24	9.61	0.14	4.84	0.10	1.36	0.06	0.40
520	709.48	0.72	148.19	0.40	43.11	0.25	10.37	0.14	5.22	0.11	1.46	0.06	0.43
560	824.40	0.78	171.92	0.43	49.90	0.27	11.97	0.15	6.01	0.12	1.68	0.07	0.50
600	948.31	0.84	197.38	0.46	57.18	0.29	13.67	0.16	6.86	0.12	1.91	0.07	0.56
660	1150.40	0.93	238.85	0.51	69.01	0.32	16.44	0.18	8.24	0.14	2.29	0.08	0.67
700	1295.93	0.99	268.68	0.54	77.49	0.34	18.43	0.19	9.22	0.15	2.56	0.09	0.75
740	1450.10	1.04	300.24	0.57	86.53	0.36	20.52	0.20	10.26	0.15	2.84	0.09	0.83
780	1613.17	1.10	333.56	0.61	95.99	0.37	22.73	0.21	11.35	0.16	3.14	0.10	0.92
820	1784.95	1.16	368.63	0.64	105.98	0.39	25.04	0.23	12.49	0.17	3.45	0.10	1.01

续表

	DN=15	DN=15	DN=20	DN=20	DN=25	DN=25	DN=32	DN=32	DN=40	DN=40	DN=50	DN=50	DN=70
G	d=15.75	d=15.75	d=21.25	d=21.25	d=27.00	d=27.00	d=35.75	d=35.75	d=41.00	d=41.00	d=53.00	d=53.00	d=68.00
	ΔP_m	v	ΔP_m	v	ΔP_m	v	ΔP_m	v	ΔP_m	v	ΔP_m	v	ΔP_m
860	1963.83	1.22	405.44	0.67	116.41	0.41	27.47	0.24	13.69	0.18	3.77	0.11	1.10
900	2152.63	1.28	444.00	0.70	127.33	0.43	30.01	0.25	14.93	0.19	4.11	0.11	1.19
1000	2504.36	1.38	515.67	0.76	147.62	0.47	34.71	0.27	17.25	0.20	4.73	0.12	1.37
1100	3052.65	1.52	627.33	0.84	179.31	0.52	42.00	0.30	20.85	0.22	5.69	0.13	1.65
1200	3652.23	1.67	749.90	0.92	213.96	0.57	50.01	0.32	24.77	0.25	6.75	0.15	1.94
1300	4308.38	1.81	883.38	1.00	251.68	0.62	58.62	0.35	29.02	0.27	7.88	0.16	2.27
1400	5018.68	1.96	1027.76	1.08	292.44	0.67	68.02	0.38	33.61	0.29	9.11	0.17	2.61
1500	5782.58	2.10	1182.99	1.15	336.25	0.72	78.06	0.41	38.54	0.31	10.42	0.19	2.98
1600	6600.32	2.25	1349.23	1.23	383.11	0.76	88.78	0.44	43.79	0.33	11.81	0.20	3.37
1700	7472.09	2.39	1526.33	1.31	433.00	0.81	100.18	0.46	49.40	0.35	13.29	0.21	3.78
1800	8397.90	2.54	1714.27	1.39	485.93	0.86	112.27	0.49	55.32	0.37	14.86	0.22	4.22
1900	9377.68	2.68	1913.18	1.47	541.91	0.91	125.09	0.52	61.57	0.40	16.51	0.24	4.68
2000	10411.47	2.83	2122.99	1.55	600.94	0.96	138.55	0.55	68.16	0.42	18.25	0.25	5.17
2200			2458.10	1.67	695.19	1.04	160.04	0.59	78.62	0.45	21.01	0.27	5.93
2400			2942.78	1.83	831.56	1.13	191.20	0.65	93.77	0.49	24.99	0.29	7.04
2600			3472.65	1.99	980.14	1.23	225.00	0.70	110.24	0.53	29.31	0.32	8.24
2800			4043.83	2.15	1140.92	1.33	261.55	0.76	128.05	0.58	33.98	0.35	9.53

续表

G	DN=15	DN=15	DN=20	DN=20	DN=25	DN=25	DN=32	DN=32	DN=40	DN=40	DN=50	DN=50	DN=70
	d=15.75	d=15.75	d=21.25	d=21.25	d=27.00	d=27.00	d=35.75	d=35.75	d=41.00	d=41.00	d=53.00	d=53.00	d=68.00
	ΔP_m	v	ΔP_m	v	ΔP_m	v	ΔP_m	v	ΔP_m	v	ΔP_m	v	ΔP_m
3000			4662.28	2.31	1313.90	1.43	300.83	0.82	147.17	0.62	38.99	0.37	10.91
3200			5321.78	2.47	1497.67	1.53	342.85	0.87	167.62	0.66	44.33	0.40	12.38
3400			6024.88	2.63	1694.87	1.63	387.61	0.93	189.40	0.71	50.02	0.42	13.95
3600			6771.58	2.79	1904.25	1.73	435.12	0.99	212.49	0.75	56.05	0.45	15.60
3800			7561.88	2.95	2125.83	1.83	485.36	1.04	236.92	0.79	62.42	0.47	17.35
4000					2359.60	1.92	538.12	1.10	262.67	0.83	69.13	0.50	19.19
4200					2605.55	2.02	593.82	1.15	289.74	0.88	76.18	0.53	21.12
4400					2863.70	2.12	652.26	1.21	318.13	0.92	83.56	0.55	23.14
4600					3134.04	2.22	713.44	1.27	347.70	0.96	91.29	0.58	25.25
4800					3416.56	2.32	777.36	1.32	378.73	1.01	99.36	0.60	27.46
5000					3711.28	2.42	844.02	1.38	411.08	1.05	107.77	0.63	29.75
5400					4176.21	2.57	949.14	1.46	462.09	1.11	121.02	0.67	33.37
5800					4838.79	2.76	1098.89	1.58	534.74	1.20	139.88	0.72	38.51
6200					5550.12	2.96	1259.59	1.69	612.68	1.28	160.10	0.77	44.01
6600							1431.25	1.80	695.91	1.37	181.68	0.82	49.88
7000							1613.86	1.91	784.44	1.46	204.62	0.87	56.11

续表

	DN=15	DN=15	DN=20	DN=20	DN=25	DN=25	DN=32	DN=32	DN=40	DN=40	DN=50	DN=50	DN=70
G	d=15.75	d=15.75	d=21.25	d=21.25	d=27.00	d=27.00	d=35.75	d=35.75	d=41.00	d=41.00	d=53.00	d=53.00	d=68.00
	ΔP_m	v	ΔP_m	v	ΔP_m	v	ΔP_m	v	ΔP_m	v	ΔP_m	v	ΔP_m
7400							1807.42	2.03	878.26	1.54	228.92	0.92	62.71
7800							2011.94	2.14	977.38	1.63	254.58	0.97	69.67
8200							2227.41	2.25	1081.78	1.71	281.59	1.02	76.99
8600							2453.83	2.36	1191.49	1.80	309.97	1.08	84.75
9000							2691.21	2.48	1306.48	1.88	339.71	1.13	92.80
10000							3132.99	2.67	1520.46	2.03	395.02	1.22	107.78
11000							3822.28	2.96	1854.26	2.25	481.26	1.34	131.11
12000									2221.15	2.46	575.99	1.47	156.71
13000									2621.12	2.67	679.23	1.60	184.60
14000									3054.17	2.89	790.95	1.73	214.76
15000											911.18	1.86	247.19
16000											1039.90	1.98	281.91
17000											1177.12	2.11	318.90
18000											1322.84	2.24	358.17
19000											1477.05	2.37	399.71

续表

G	DN=70	DN=80	DN=80	DN=100	DN=100	DN=125	DN=125	DN=150	DN=150	DN=200	DN=200		
	d=68.00	d=80.50	d=80.50	d=106.00	d=106.00	d=131.00	d=131.00	d=156.00	d=156.00	d=207.00	d=207.00		
	v	ΔP_m	v	ΔP_m	v	ΔP_m	v	ΔP_m	v	ΔP_m	v		
4400	0.33	9.78	0.24	2.44	0.14	0.85	0.09	0.36	0.06	0.09	0.04		
4600	0.35	10.67	0.25	2.66	0.14	0.93	0.09	0.39	0.07	0.10	0.04		
4800	0.37	11.59	0.26	2.89	0.15	1.00	0.10	0.42	0.07	0.11	0.04		
5000	0.38	12.55	0.27	3.12	0.16	1.08	0.10	0.46	0.07	0.11	0.04		
5400	0.40	14.06	0.29	3.49	0.17	1.21	0.11	0.51	0.08	0.13	0.04		
5800	0.44	16.20	0.31	4.01	0.18	1.39	0.12	0.58	0.08	0.15	0.05		
6200	0.47	18.51	0.33	4.57	0.19	1.58	0.13	0.66	0.09	0.17	0.05		
6600	0.50	20.95	0.36	5.16	0.20	1.78	0.13	0.75	0.09	0.19	0.05		
7000	0.53	23.54	0.38	5.79	0.22	1.99	0.14	0.84	0.10	0.21	0.06		
7400	0.56	26.29	0.40	6.45	0.23	2.22	0.15	0.93	0.11	0.23	0.06		
7800	0.59	29.18	0.42	7.16	0.24	2.46	0.16	1.03	0.11	0.25	0.06		
8200	0.62	32.22	0.44	7.88	0.26	2.71	0.17	1.13	0.12	0.28	0.07		
8600	0.65	35.40	0.47	8.65	0.27	2.97	0.18	1.24	0.12	0.30	0.07		
9000	0.68	38.74	0.49	9.46	0.28	3.24	0.18	1.35	0.13	0.33	0.07		
10000	0.74	44.95	0.53	10.95	0.30	3.74	0.20	1.56	0.14	0.38	0.08		
11000	0.82	54.65	0.58	13.27	0.34	4.52	0.22	1.88	0.16	0.46	0.09		
12000	0.89	65.20	0.64	15.82	0.37	5.38	0.24	2.23	0.17	0.54	0.10		

续表

	DN=70	DN=80	DN=80	DN=100	DN=100	DN=125	DN=125	DN=150	DN=150	DN=200	DN=200		
G	d=68.00	d=80.50	d=80.50	d=106.00	d=106.00	d=131.00	d=131.00	d=156.00	d=156.00	d=207.00	d=207.00		
	v	ΔP_m	v	ΔP_m	v	ΔP_m	v	ΔP_m	v	ΔP_m	v		
13000	0.97	76.77	0.69	18.57	0.40	6.30	0.26	2.61	0.18	0.63	0.10		
14000	1.05	89.27	0.75	21.55	0.43	7.30	0.28	3.02	0.20	0.73	0.11		
15000	1.13	102.58	0.80	24.75	0.46	8.37	0.30	3.45	0.21	0.84	0.12		
16000	1.21	116.95	0.86	28.17	0.50	9.52	0.32	3.92	0.23	0.95	0.13		
17000	1.28	132.19	0.92	31.81	0.53	10.73	0.35	4.41	0.24	1.06	0.14		
18000	1.36	148.50	0.97	35.66	0.56	12.02	0.37	4.94	0.26	1.19	0.15		
19000	1.44	165.57	1.03	39.74	0.59	13.38	0.39	5.50	0.27	1.32	0.16		
20000	1.52	183.57	1.08	44.03	0.62	14.81	0.41	6.08	0.29	1.46	0.16		
22000	1.63	212.59	1.17	50.89	0.67	17.09	0.44	7.00	0.31	1.67	0.18		
24000	1.79	254.23	1.28	60.79	0.74	20.38	0.48	8.34	0.34	1.99	0.19		
26000	1.94	299.70	1.39	71.58	0.80	23.99	0.52	9.79	0.37	2.33	0.21		
28000	2.10	348.90	1.50	83.24	0.86	27.85	0.57	11.35	0.40	2.70	0.23		
30000	2.26	401.83	1.61	95.78	0.93	31.99	0.61	13.05	0.43	3.09	0.24		
32000	2.33	429.69	1.67	102.38	0.96	34.21	0.63	13.94	0.44	3.29	0.25		
34000	2.49	488.22	1.78	116.24	1.02	38.80	0.67	15.79	0.47	3.73	0.27		
36000	2.64	551.21	1.89	130.97	1.09	43.67	0.71	17.77	0.50	4.19	0.29		
38000	2.80	617.28	2.00	146.58	1.15	48.84	0.75	19.85	0.53	4.67	0.30		

续表

	DN=70	DN=80	DN=80	DN=100	DN=100	DN=125	DN=125	DN=150	DN=150	DN=200	DN=200		
G	d=68.00	d=80.50	d=80.50	d=106.00	d=106.00	d=131.00	d=131.00	d=156.00	d=156.00	d=207.00	d=207.00		
	v	ΔP_m	v	ΔP_m	v	ΔP_m	v	ΔP_m	v	ΔP_m	v		
40000	2.96	687.10	2.11	163.06	1.22	54.29	0.80	22.06	0.56	5.19	0.32		
42000		760.64	2.22	180.43	1.28	60.03	0.84	24.38	0.59	5.72	0.34		
44000		837.93	2.33	198.67	1.34	66.05	0.88	26.81	0.62	6.28	0.35		
46000		918.95	2.44	217.76	1.41	72.35	0.92	29.36	0.65	6.87	0.37		
48000		1003.70	2.55	237.78	1.47	78.96	0.96	31.97	0.68	7.49	0.39		
50000		1092.20	2.66	258.65	1.54	85.85	1.01	34.75	0.71	8.13	0.40		
52000		1184.42	2.78	280.36	1.60	93.02	1.05	37.64	0.74	8.80	0.42		
54000		1280.38	2.89	302.96	1.66	100.64	1.09	40.65	0.77	9.49	0.44		
56000		1380.08	3.00	326.42	1.73	108.40	1.13	43.77	0.80	10.21	0.45		
58000				350.77	1.79	116.45	1.17	47.01	0.83	10.96	0.47		
60000				376.00	1.86	124.79	1.22	50.36	0.86	11.73	0.49		
62000				402.11	1.92	133.42	1.26	53.83	0.89	12.52	0.50		
64000				429.09	1.98	142.34	1.30	57.41	0.92	13.35	0.52		
66000				456.95	2.05	151.55	1.34	61.11	0.95	14.20	0.54		
68000				485.68	2.11	161.04	1.38	64.93	0.98	15.08	0.55		
70000				515.29	2.18	170.82	1.43	68.86	1.01	15.98	0.57		
75000				645.77	2.24	189.89	1.47	72.90	1.03	16.91	0.59		
80000				626.70	2.40	207.32	1.57	83.52	1.11	19.35	0.63		

续表

G	DN=70	DN=80	DN=80	DN=100	DN=100	DN=125	DN=125	DN=150	DN=150	DN=200	DN=200		
	d=68.00	d=80.50	d=80.50	d=106.00	d=106.00	d=131.00	d=131.00	d=156.00	d=156.00	d=207.00	d=207.00		
	v	ΔP_m	v	ΔP_m	v	ΔP_m	v	ΔP_m	v	ΔP_m	v		
85000				711.90	2.56	235.36	1.68	94.86	1.18	21.94	0.67		
90000				802.52	2.72	265.60	1.78	106.92	1.26	24.70	0.71		
95000				899.74	2.88	297.43	1.89	119.70	1.33	27.62	0.76		
100000						331.07	1.99	133.20	1.40	30.71	0.80		
105000						366.51	2.10	147.42	1.48	33.96	0.84		
110000						403.75	2.20	162.36	1.55	37.37	0.88		
115000						442.79	2.31	178.03	1.63	40.94	0.92		
120000						483.63	2.41	194.41	1.70	44.68	0.97		
130000						526.28	2.52	211.52	1.77	48.58	1.01		
140000						616.96	2.72	247.67	1.92	56.87	1.09		
150000						714.86	2.93	286.79	2.07	65.85	1.18		
160000								328.70	2.22	75.45	1.26		
170000								373.74	2.36	85.70	1.34		
180000								421.58	2.51	96.61	1.43		
190000								472.30	2.66	108.16	1.51		
200000								525.85	2.81	120.37	1.59		
220000								582.28	2.96	133.22	1.68		
240000										160.90	1.85		

热水供暖系统局部阻力系数 ξ=1
的局部损失[动压力 $\Delta p_d=\rho v^2/2$(Pa)]值　　表 4-4

v	Δp_d	v	Δp_d	v	Δp_d	v	Δp_d	v	Δp_d	v	Δp_d
0.01	0.05	0.13	8.31	0.25	30.73	0.37	67.30	0.49	118.04	0.61	182.93
0.02	0.2	0.14	9.64	0.26	33.23	0.38	70.99	0.5	122.91	0.62	188.98
0.03	0.44	0.15	11.06	0.27	35.84	0.39	74.78	0.51	127.87	0.65	207.71
0.04	0.79	0.16	12.59	0.28	38.54	0.4	78.66	0.52	132.94	0.68	227.33
0.05	1.23	0.17	14.21	0.29	41.35	0.41	82.64	0.53	138.10	0.71	247.83
0.06	1.77	0.18	15.93	0.3	44.25	0.42	86.72	0.54	143.36	0.74	269.21
0.07	2.41	0.19	17.75	0.31	47.25	0.43	90.90	0.55	148.72	0.77	291.48
0.08	3.15	0.20	19.66	0.32	50.34	0.44	95.18	0.56	154.17	0.8	314.64
0.09	3.98	0.21	21.68	0.33	53.54	0.45	99.55	0.57	159.73	0.85	355.20
0.10	4.92	0.22	23.79	0.34	56.83	0.46	104.03	0.58	165.38	0.9	398.22
0.11	5.95	0.23	26.01	0.35	60.22	0.47	108.6	0.59	171.13	0.95	443.70
0.12	7.08	0.24	28.32	0.36	63.71	0.48	113.27	0.60	176.98	1.0	491.62

注：本表按 t_g'=95℃，t_h'=70℃，整个供暖季的平均水温 $t\approx60$℃，相应水的密度 ρ=983.284kg/m^3 编制的。

（7）流速的要求：根据比摩阻确定管径时，应注意管中的流速不能超过规定的最大允许流速，流速过大流体在管中流动时会产生噪声。《民用建筑供暖与空气调节设计规范》GB 50736 规定的最大允许流速为：民用建筑为 1.2m/s；生产厂房的辅助建筑为 2m/s；生产厂房为 3m/s。

应用等温降法计算时应注意：

（1）如果系统未知循环作用压力，可在计算出的总压力损失之上附加 10%，确定必需的循环作用压力。

（2）各并联循环环路应尽量做到阻力平衡，以保证各环路分配的流量符合设计要求。

02 进行机械循环热水供暖系统等温降法水力计算时应注意的问题

机械循环热水供暖系统由水泵提供动力，系统作用半径较大，供暖系统的总压力损失也较大，一般约为 10~20kPa，较大型系统总压力损失可达 20~50kPa。进行机械循环热水供暖系统水力计算时应注意：

（1）如果室内系统入口处循环作用压力已经确定，可根据入口处的作用压力求出各循环环路的比摩阻 R_{pj}，进而确定各管段管径。

（2）如果系统入口处作用压力较高，必然环路的总压力损失也较高，这会使系统的比摩阻、流速相应提高。对于异程式系统，如果最不利环路各管段比摩阻定得过大，其他并联环路的阻力损失将难以平衡，而且设计中还需考虑管路和散热器的承压能力问题。因此，对于入口处作用压力过大的系统，可先采用经济比摩阻 R_{pj}=60~120Pa/m 确定各管段管径，然后再确定系统所需的循环作用压力，过剩的入口压力可用调节阀或调压孔板消除。

（3）在机械循环热水供暖系统中，供回水密度差作用下产生的自然循环作用压力依然存在，自然循环综合作用压力应等于水在散热器内冷却产生的作用压力和水在管路中冷却产生的附加压力之和。进行机械循环系统的水力计算时，水在管路中冷却产生的附加压力较小，可以忽略不计，只需考虑水在散热器内冷却产生的作用压力。

对于机械循环双管系统，一根立管上的各层散热器是并联关系，各层散热器之间由于作用压力的不同而产生垂直失调问题，自然循环的作用压差应考虑进去，不能忽略。机械循环单管系统，如果建筑物各部分层数相同，每根立管环路产生的自然循环作用压力近似相等，可以忽略不计；如果建筑物各部分层数不同，高度和热负荷分配比例也不同，各立管环路之间必然存在自然循环作用压力差，计算各立管间的压力损失不平衡率时，应将各立管间的自然循环作用压差计算在内。自然循环作用压力可按设计水温条件下最大循环压力的 2/3 计算。

微课：机械循环同程式热水供暖系统等温降法水力计算示例

03 计算示例

进行机械循环单管顺流同程式热水供暖系统等温降法水力计算训练。

已知图 4–1 是机械循环单管顺流同程式热水供暖系统两大并联环路中的一侧环路，试进行各管段的水力计算。热媒参数为：供水温度 t_g=95℃，回水温度 t_h=70℃，图中已标出立管号，各组散热器的热负荷（W）和各管段的热负荷（W）、长度（m）。

【解】计算步骤

最远立管环路 N_9 的计算　最远立管 N_9 环路包括 1~13 管段，仍采用推荐的经济比摩阻 R_{pj}=60~120Pa/m 确定管径。具体计算结果见表 4–5、表 4–6。

最远立管 N_9 环路的总压力损失

$$\Sigma（p_y+p_j）_{1\sim13}=7848.16\text{Pa}$$

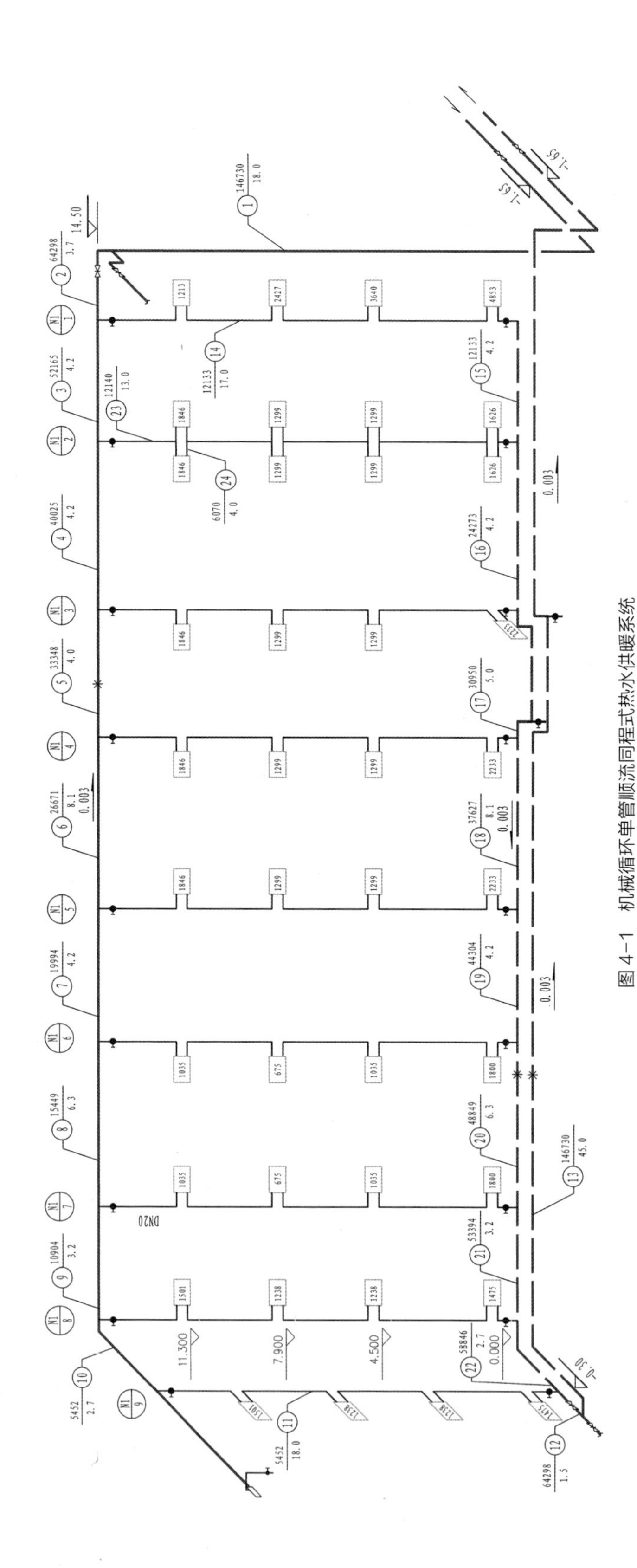

图 4-1　机械循环单管顺流同程式热水供暖系统

表 4-5

机械循环同程式热水供暖系统水力计算表

管段编号	热负荷 Q（W）	流量 G（kg/h）	管段长度 L（m）	管径 d（mm）	流速 v（m/s）	比摩阻 R（Pa/m）	沿程损失 $p_y=RL$（Pa）	局部阻力系数 $\sum\xi$	动压力 Δp_d（Pa）	局部损失 $p_j=\sum\xi\times\Delta p_d$（Pa）	管段损失 p_y+p_j（Pa）	计算管起点至计算管末端压力损失（Pa）	备注
1	2	3	4	5	6	7	8	9	10	11	12	13	14
最近立管 N_9 环路													
1	146730	5047.51	1.80	70	0.39	31.48	566.64	1.0	74.78	74.78	641.42	641.42	
2	64298	2211.85	3.7	40	0.47	86.79	321.12	4.0	108.6	434.4	755.52	1396.94	
3	52165	1794.48	4.2	40	0.39	57.94	243.35	1.0	74.78	74.78	318.13	1715.07	
4	40025	1376.86	4.2	32	0.39	70.54	296.27	1.0	74.78	74.78	371.05	2086.12	
5	33348	1147.17	4.0	32	0.32	49.67	198.68	1.0	50.34	50.34	249.02	2335.14	
6	26671	917.48	8.1	25	0.45	137.84	1116.51	1.0	99.55	99.55	1216.06	3551.2	
7	19994	687.79	4.2	25	0.34	79.09	332.18	1.0	56.83	56.83	389.01	3940.21	
8	15449	531.45	6.3	25	0.27	48.34	304.54	1.0	35.84	35.84	340.38	4280.59	
9	10904	375.10	3.2	20	0.30	83.71	267.87	1.0	44.25	44.25	312.12	4592.71	
10	5452	187.55	2.7	20	0.15	23.08	62.32	3.0	11.06	33.18	95.5	4688.21	
11	5452	187.55	18.0	20	0.15	23.08	415.44	43.5	11.06	481.11	896.55	5584.76	
12	64298	2211.85	1.5	40	0.47	86.79	130.19	3.5	108.6	380.1	510.29	6095.05	
13	146730	5047.51	45.0	70	0.39	31.48	1416.60	4.5	74.78	336.51	1753.11	7848.16	
$\sum(p_y+p_j)_{①\sim⑬}=7848.16$Pa 最近立管 N_1 环路													
14	12133	417.38	17.0	25	0.21	30.58	519.86	34.0	21.68	737.12	1256.98	2653.92	

续表

管段编号	热负荷 Q（W）	流量 G（kg/h）	管段长度 L（m）	管径 d（mm）	流速 v（m/s）	比摩阻 R（Pa/m）	沿程损失 $p_y=RL$（Pa）	局部阻力系数 $\Sigma\xi$	动压力 Δp_d（Pa）	局部损失 $p_j=\Sigma\xi\times\Delta p_d$（Pa）	管段损失 p_y+p_j（Pa）	计算管起点至计算管末端压力损失（Pa）	备注
1	2	3	4	5	6	7	8	9	10	11	12	13	14
15	12133	417.38	4.2	25	0.21	30.58	128.44	1.0	21.68	21.68	150.12	2804.04	
16	24273	834.99	4.2	32	0.24	27.17	114.11	1.0	28.32	28.32	142.43	2946.47	
17	30950	1064.68	5.0	32	0.30	43.08	215.40	7.0	44.25	309.75	525.15	3471.62	
18	37627	1294.37	8.1	32	0.37	62.62	507.22	1.0	67.30	67.30	574.52	4046.14	
19	44304	1524.06	4.2	32	0.43	85.81	360.40	1.0	90.90	90.90	451.3	4497.44	
20	48849	1680.41	6.3	40	0.36	51.07	321.74	1.0	63.71	63.71	385.45	4882.89	
21	53394	1836.75	3.2	40	0.40	60.60	193.92	1.0	78.66	78.66	272.58	5155.47	
22	58846	2024.30	2.7	40	0.43	73.14	197.48	1.5	90.90	136.35	333.83	5489.30	
$\Sigma(p_y+p_j)_{⑭\sim㉒}=4092.36$Pa 管段③~⑪与管段⑭~㉒并联$\Sigma(p_y+p_j)_{③\sim⑩}=4187.82$Pa 不平衡率（4187.82−4092.36）/4187.82×100%=2.28% 立管N_2环路资用压力＝$\Sigma(p_y+p_j)_{④\sim⑪}-\Sigma(p_y+p_j)_{⑯\sim㉒}=1184.43$Pa													
23	12140	417.62	13.0	25	0.21	30.61	397.93	6.0	21.68	130.08	528.01		
24	6070	208.81	4.0	20	0.17	28.19	112.76	44.0	14.21	625.24	738.00		
$\Sigma(p_y+p_j)_{㉓㉔}=1266.01$Pa 不平衡率（1184.43−1266.01）/1184.43×100%=−6.9%													

最近立管环路 N_1 的计算　最近立管 N_1 环路包括 1、2、14~22、12、13 管段，其具体计算结果见表 4-5、表 4-6。

管段 14~22 的压力损失为

$$\Sigma(p_y+p_j)_{14\sim22}=4092.36\text{Pa}$$

最近立管 N_1 环路的总压力损失为 $\Delta p_{N_1}=\Sigma(p_y+p_j)_{1、2、14\sim22、12、13}=7752.7\text{Pa}$

最远立管 N_9 和最近立管 N_1 环路的压力损失不平衡率 应注意，同程式热水供暖系统最远、最近立管环路的压力损失不平衡率易控制在 ±5% 的范围内。

最远立管 N_9 的 3~11 管段与最近立管 N_1 的 14~22 管段并联，具体计算结果见表 4-5、表 4-6。

$$\Sigma(p_y+p_j)_{3\sim11}=4187.82\text{Pa}$$

不平衡率为 $\dfrac{4187.82-4092.36}{4187.82}\times100\%=2.28\%$ 符合要求。

供暖系统的循环作用压力

$\Delta p=1.1\Delta p_{N_9}=1.1\times7848.16=8632.98\text{Pa}$。

其他立管环路的计算应注意，单管同程式热水供暖系统各立管间的压力损失不平衡率易控制在 ±10% 以内。

通过最远立管 N_9 环路的计算可确定供水干管各管段的压力损失；通过最近立管 N_1 环路的计算可确定回水干管各管段的压力损失。根据并联节点压力平衡的原则可确定各立管的资用压力。

例如：立管 N_2 的资用压力

$\Delta p_{资N_2}=\Sigma(p_y+p_j)_{4\sim11}-\Sigma(p_y+p_j)_{16\sim22}=1184.43\text{Pa}$

立管 N_2 的 23、24 管段水力计算结果列在表 4-5、表 4-6 中。

立管 N_2 的压力损失为

$$\Sigma(p_y+p_j)_{23、24}=1266.01\text{Pa}$$

不平衡率为 $\dfrac{1184.43-1266.01}{1184.43}\times100\%=-6.9\%$ 符合《民用建筑供暖通风与空气调节设计规范》GB 50736 的要求。

上述计算结果列于表 4-5 中和表 4-6 中。

其他立管可按同样方法进行计算。

机械循环同程式热水供暖系统局部阻力系数计算表　　表 4–6

管段号	局部阻力	管径 / mm	个数	Σξ
①	煨弯 90°		1	0.5
	闸阀	70	1	0.5
		Σ ξ=1.0		
②	分流三通		1	3.9
	闸阀	40	1	0.5
	摵弯 90°		1	0.5
		Σ ξ=4.0		
③	直流三通	40	1	1.0
		Σ ξ=1.0		
④、⑤	直流三通	32	1	10
		Σ ξ=1.0		
⑥、⑦、⑧	直流三通	25	1	1.0
		Σ ξ=1.0		
⑨	直流三通	20	1	1.0
		Σ ξ=1.0		
⑩	直流三通	20	1	1.0
	弯头		1	2.0
		Σ ξ=3.0		
⑪	弯头		9	2.0 × 9
	闸阀		2	0.5 × 2
	乙字弯	20	10	1.5 × 10
	旁流三通		1	1.5
	散热器		4	2.0 × 4
		Σ ξ=43.5		
⑫	合流三通	40	1	3.0
	闸阀		1	0.5
		Σ ξ=3.5		
⑬	摵弯 90°	70	8	0.5 × 8
	闸阀		1	0.5
		Σ ξ=4.5		
⑭	旁流三通		1	1.5
	乙字弯	25	2	0.5 × 2
	闸阀		10	1.0 × 10
	弯头		9	1.5 × 9
	散热器		4	2.0 × 4
		Σ ξ=34.0		
⑮	直流三通	25	1	1.0
		Σ ξ=1.0		
⑯	直流三通	32	1	1.0
		Σ ξ=1.0		
⑰	直流三通	32	1	1.0
	弯头		4	1.5 × 4
		Σ ξ =7.0		
⑱、⑲	直流三通	32	1	1.0
		Σ ξ=1.0		
⑳、㉑	直流三通	40	1	1.0
		Σ ξ=1.0		
㉒	直流三通	40	1	1.0
	摵弯 90°		1	0.5
		Σ ξ=1.5		
㉓	旁流三通		2	1.5 × 2
	闸阀	25	2	0.5 × 2
	乙字弯		2	1.0 × 2
		Σ ξ=6.0		
㉔	分、合流三通	20	8	3.0 × 8
	乙字弯		8	1.5 × 8
	散热器		4	2.0 × 4
		Σ ξ=44.0		

思 政

水力计算比较复杂，同学们在计算中应迎难而上、认真仔细，避免出现不必要的错误。细节决定成败，认真仔细是一种态度，更是一种能力。英格兰有一首著名的歌谣：“少了一枚铁钉，掉了一只马掌，掉了一只马掌，丢了一匹战马，丢了一匹战马，败了一场战役，败了一场战役，丢了一个国家。”这个发生在英国查理三世时期的故事，让我们看到百分之一的错误导致了百分之百的失败，一钉损一马，一马失社稷。同学们在实践中往往容易忽略看起来微不足道实际上却影响全局的细节，使得本来可以预期的成功由于过程管理在细节上存在诸多疏漏而归于失败，这样的教训应该时刻铭记。

训 练

进行机械循环单管顺流同程式热水供暖系统等温降法水力计算。图 4-2 是机械循环单管顺流同程式热水供暖系统两大并联环路中的一侧环路。热媒参数为：供水温度 t_g=75℃，回水温度 t_h=50℃，图中已标出立管号，各组散热器的热负荷（W）和各管段的热负荷（W）、长度（m）。

将计算结果填入机械循环同程式热水供暖系统水力计算表（表 4-7）、机械循环同程式热水采暖系统局部阻力系数计算表（表 4-8）中。

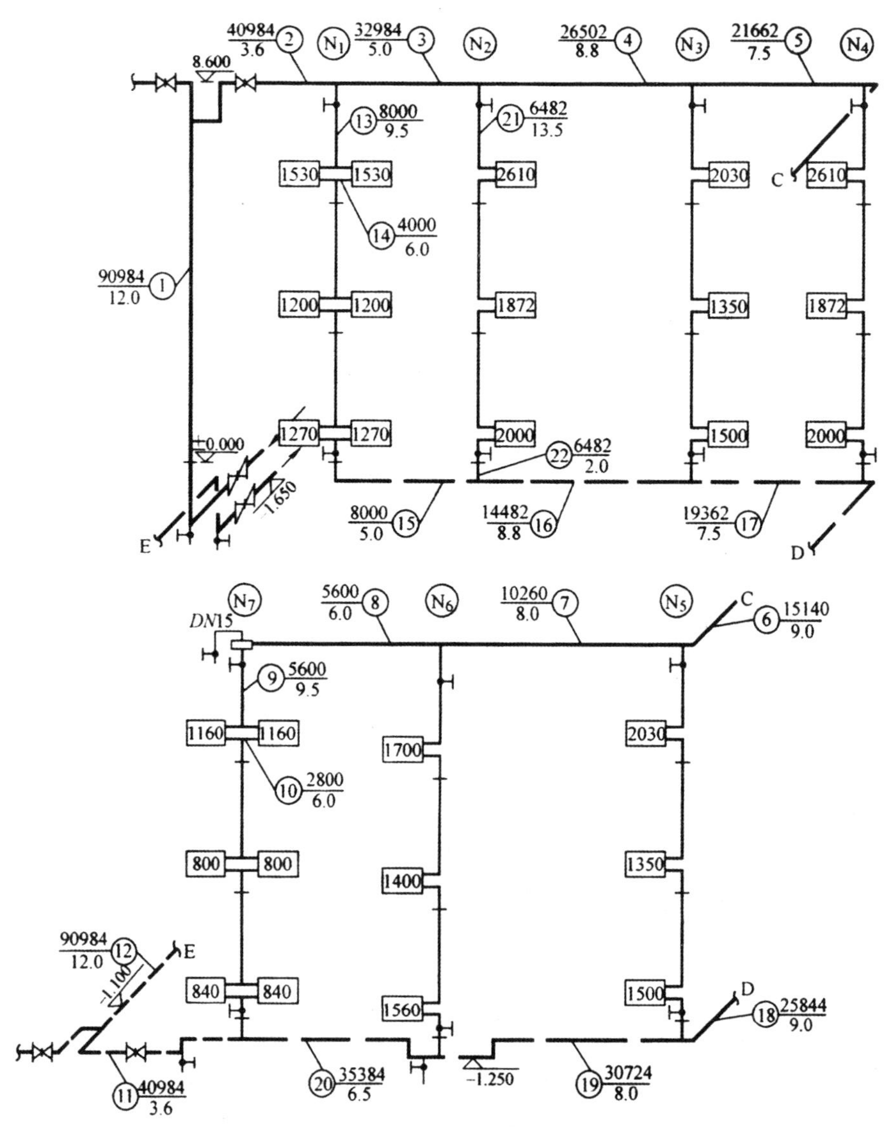

图 4-2 机械循环单管顺流同程式热水供暖系统

表 4-7

机械循环同程式热水供暖系统水力计算表

管段编号	热负荷 Q（W）	流量 G（kg/h）	管段长度 L（m）	管径 d（mm）	流速 v（m/s）	比摩阻 R（Pa/m）	沿程损失 $p_y=RL$（Pa）	局部阻力系数 $\sum\xi$	动压力 Δp_d（Pa）	局部损失 $p_j=\sum\xi\times\Delta p_d$（Pa）	管段损失 p_y+p_j（Pa）	计算管起点至计算管末端压力损失（Pa）	备注
1	2	3	4	5	6	7	8	9	10	11	12	13	14

机械循环同程式热水供暖系统局部阻力系数计算表　　表 4–8

管段号	局部阻力	管径（mm）	个数	Σξ

实训项目 5

室内供暖金属管道连接

实训目的

通过本次实践训练，使学生：

1. 掌握室内供暖管道螺纹连接方法及要求；
2. 掌握室内供暖管道焊接连接方法及要求；
3. 具备安全意识。

实训内容

1. 进行室内供暖管道螺纹连接训练；
2. 进行室内供暖管道焊接连接训练。

实 训 步 骤

01 室内供暖管道管螺纹的手动套丝加工

（1）工作前的准备

穿戴好劳动用品，准备手动套丝的工具。

（2）手动套丝的工具

代丝工具包括手动铰板和固定压力钳等（图 5-1~ 图 5-8）

图 5-1　手动铰板

114 型的手动铰板适用 1/2′-4′ 的钢管外螺纹的加工

微课：室内供暖管道管螺纹的手动套丝加工方法

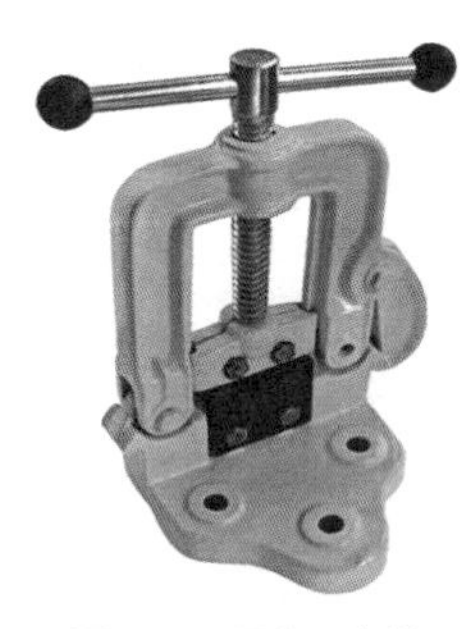

图 5-2　固定压力钳

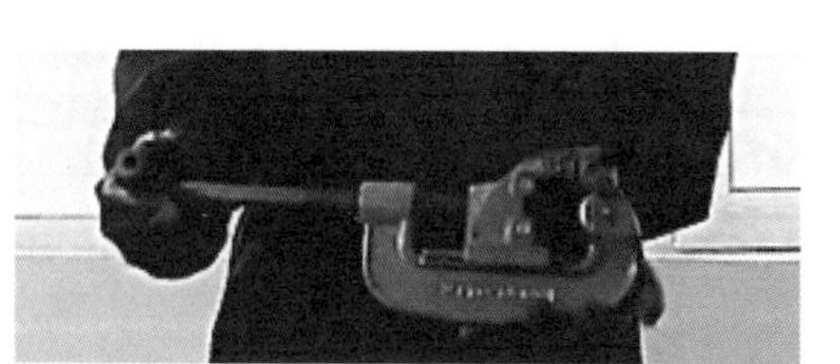

图 5-3　钢锯或割刀

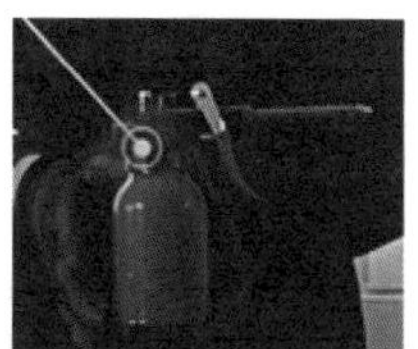

图 5-4　机油壶

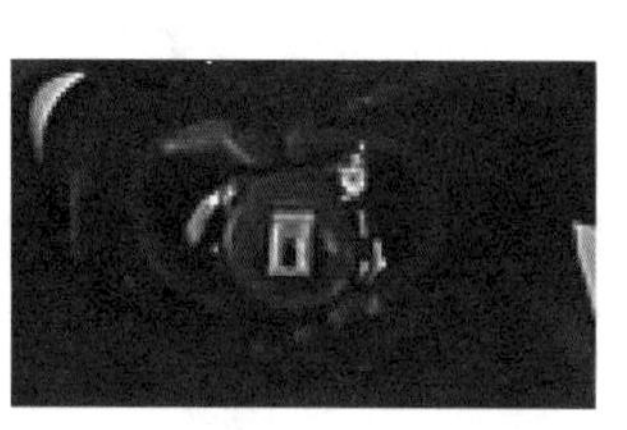

图 5-5　尺

图 5-6　台钳或移动台钳、拟套的钢管

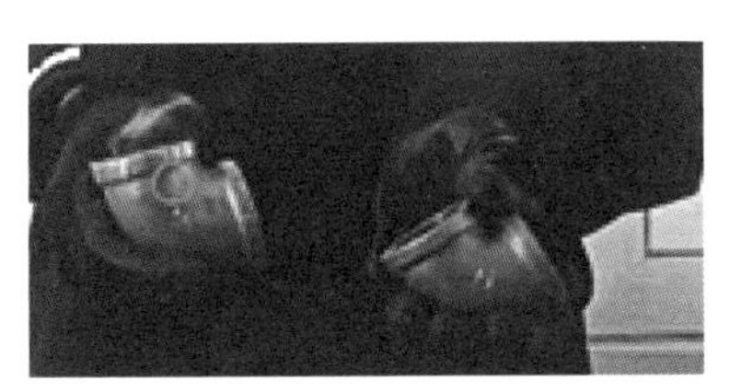
图 5-7　相对应丝扣内螺纹的管件

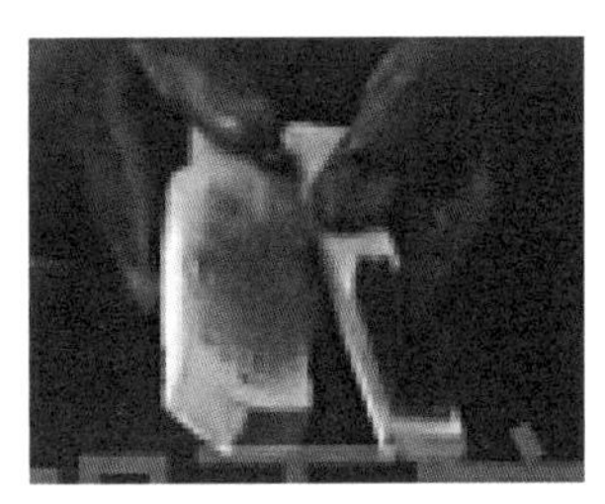
图 5-8　钢丝刷

（3）手动套丝操作步骤

1）将钢管固定在压力钳上，钢管不能松动或转动，探出 200mm（图 5-9）。

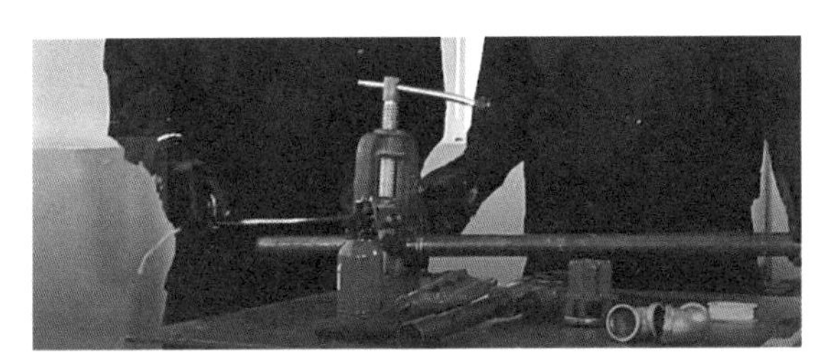
图 5-9　手动套丝

2）将钢管套入固定压力钳中，铰板固定在管子上，转动灵活；人站在铰板侧前方，面向压力钳，一手压紧铰板向前推进，一手握住手柄按顺时针方向平衡而缓慢的转动铰板；等套进 1~2 扣且进扣费力时在工作面滴入机油，这时就可以只用旋转不用推动板牙，慢慢松动板扣，继续操作，就可以在管端车出管螺纹（图 5-10）。

图 5-10

3）退下铰板，用钢丝刷清理丝扣上的铁屑（图 5-11）。

图 5-11

4）用相对应的内丝管件试扣并检查丝扣的质量（图 5–12）。

5）丝扣合格后，用尺量出所需要的长度并做标记，用管刀或钢锯割断管子；用割刀切割，转动时要滴入机油（图 5–13）。

图 5–12 检查丝扣

图 5–13 切割

6）割断管子后取下钢管、拆下牙块，收拾工具清理现场。

（4）手动套丝注意事项

钢管在压力钳中不能转动或松动；

套扣应分 2~3 板进行，每次都要调节到位；

套出的丝扣应呈现锥状，丝扣不秃，无毛刺；

加工一个丝头以套 2~4 次为宜。

（5）管螺纹的质量要求

螺纹的表面应光洁，无裂缝，允许有轻微的毛刺；

螺纹断面高度的减低量，不得超过规定高度的 15%；

断缺或不完整的螺纹总长度不得超过规定螺纹长度的 10%，并且不准在纵方向上有断缺处相靠；

允许最小长度比规定减少 15%。

微课：室内供暖管道管螺纹的套丝机加工方法

02 室内供暖管道管螺纹的套丝机加工

机械套丝机，又叫电动切管套丝机，是用螺纹切头切削圆柱形外螺纹的螺纹加工机床。套丝机分轻型和重型两种。

（1）轻型套丝机组成部件（图 5–14）

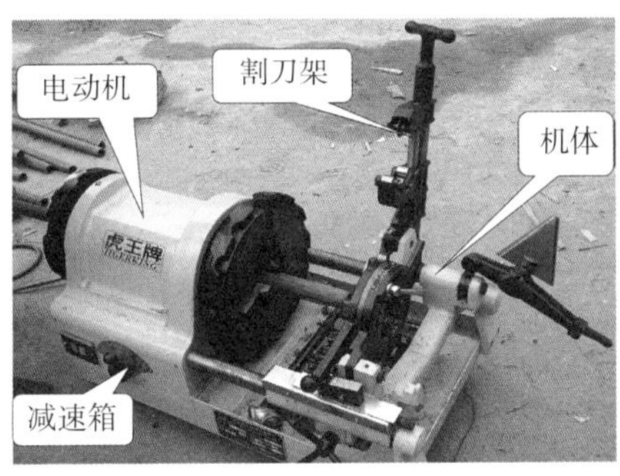

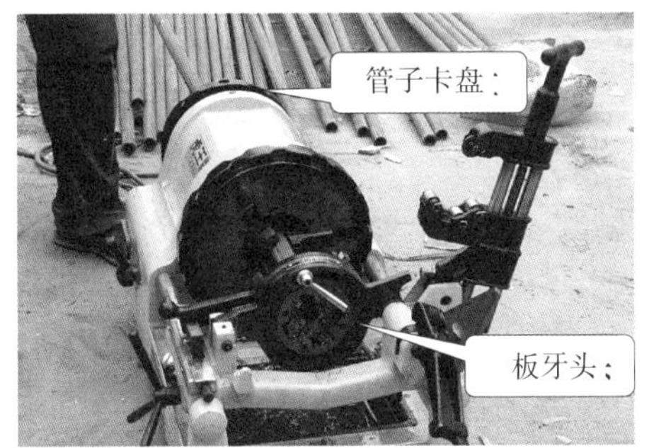

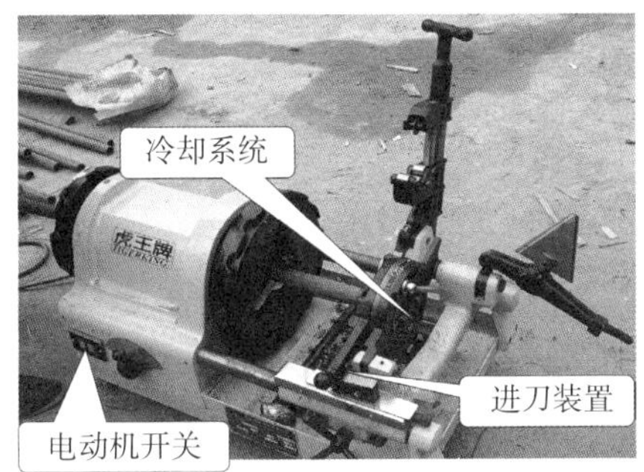

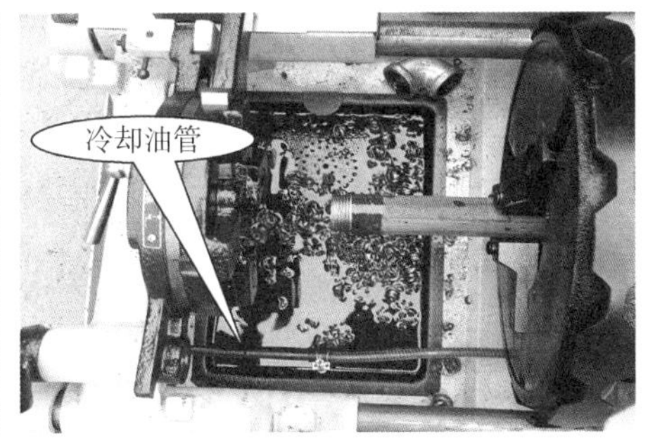

图 5-14 轻型套丝机的组成

（2）套丝机操作步骤

1）把要加工螺纹的管子割断后，放进管子卡盘，撞击卡紧（图 5-15）。

2）调节好板牙头上的板牙开口大小，设定好丝口长短（图 5-16）。

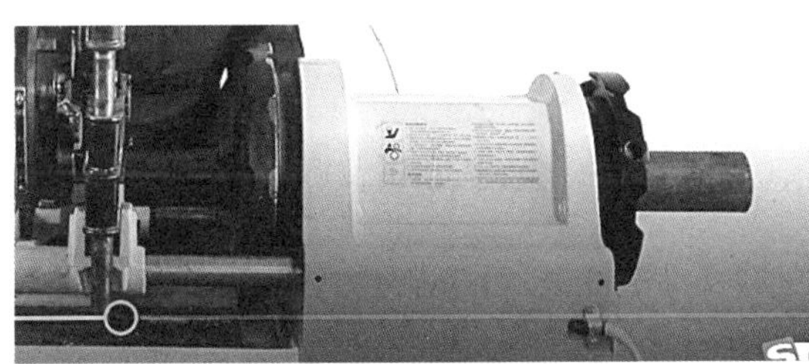

图 5-15

图 5-16

3）按下启动开关，启动套丝机使管子随卡盘转动起来；顺时针扳动进刀手轮，使板牙头上的板牙刀以恒力贴紧转动管子的端部；加力进刀，手轮板牙刀切削套丝。冷却系统自动为板牙刀喷油冷却；仔细观察切削套丝、管段转动和进刀尺寸。丝扣加工到预先设定的长度时，板牙刀会自动张开；丝扣加工结束，关闭电源，观察加工螺纹的质量（图 5-17）。

4）无缺陷，抬起板牙刀，落下割刀架切割（图 5-18）。

图 5-17

图 5-18

5）关闭启动开关，撞开卡盘，取出管子；完成套丝、清理现场。

03 室内供暖管道螺纹连接

动画：钢管螺纹连接

（1）室内供暖管道螺纹连接的要求

室内供暖系统采用水煤气钢管时，立管与散热器支管、散热器支管与散热器之间采用螺纹连接。

（2）螺纹连接步骤

在管端外螺纹上缠抹适量的填料（麻和生料带），用手将管件拧上，再用适合于管径规格的管钳拧紧（图 5-19）。

图 5-19 螺纹连接

微课：室内供暖管道的螺纹连接

操作时用力要均匀，只准进不准退，上紧管件后，管螺纹应剩余 2 扣，并将残留填料清理干净（图 5-20）。

图 5-20 上紧管件

（3）管道螺纹连接的质量要求

拧紧过程用力均匀、适度，不可加力过大造成管件裂纹。

管螺纹加工的长度、锥度、表面光洁度、椭圆度必须符合要求。

操作应正规化，禁止在管钳的手柄上加套管施力、脚踏施力等，拧紧后剩余丝扣过多或不剩余丝扣都是不允许。

04 室内供暖管道焊接连接

总管与总立管、总立管与干管、干管与立管的连接应采用焊接连接。管道的焊接连接广泛采用电焊和气焊。电焊的电弧温度高，穿透能力比气焊大，易将焊口焊透。用气焊设备可进行焊接、切割、开孔、加热等多种作业。气焊的加热面积较大，加热时间较长，热影响区域大。气焊消耗氧气、乙炔气、气焊条，电焊消耗电能和电焊条。

综合比较电焊优于气焊，气焊焊接适用于公称直径小于 50mm、管壁厚度小于 3.5mm 的管道。

微课：室内供暖管道的焊接安装

焊接连接步骤：

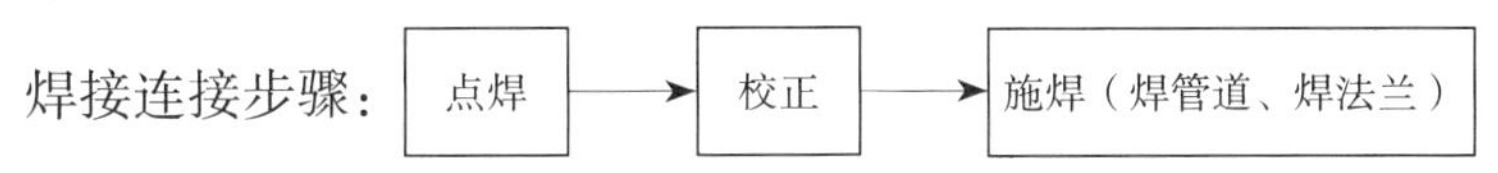

（1）点焊及校正（图 5–21）

管口组对后应立即以点焊固定，并对对口情况进行检查校正，如出现过大偏差应打掉点焊点，重新对口。点焊时，每个接口至少点 3~5 处，每处点焊长度为管壁厚度的 2~3 倍，点焊高度不超过管壁厚度的 70%。

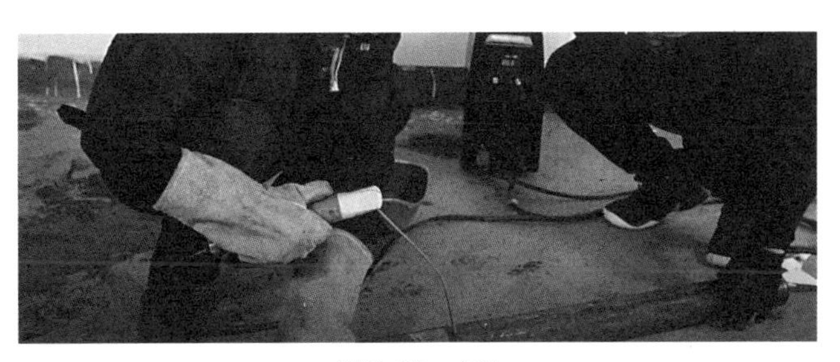

图 5–21 点焊

（2）施焊（焊管道、焊法兰，图 5–22）

焊接时应将管子垫牢，不得使管子在悬空或受有外力的情况下施焊。凡可转动的管子应转动焊接，尽量减少仰焊。每层焊完后，应清除熔渣、飞溅物等并进行外观检查，发现缺陷，应铲除重焊。

图 5–22 施焊

05 室内供暖管道安装流程

室内供暖管道安装流程见流程图（图 5–23）。

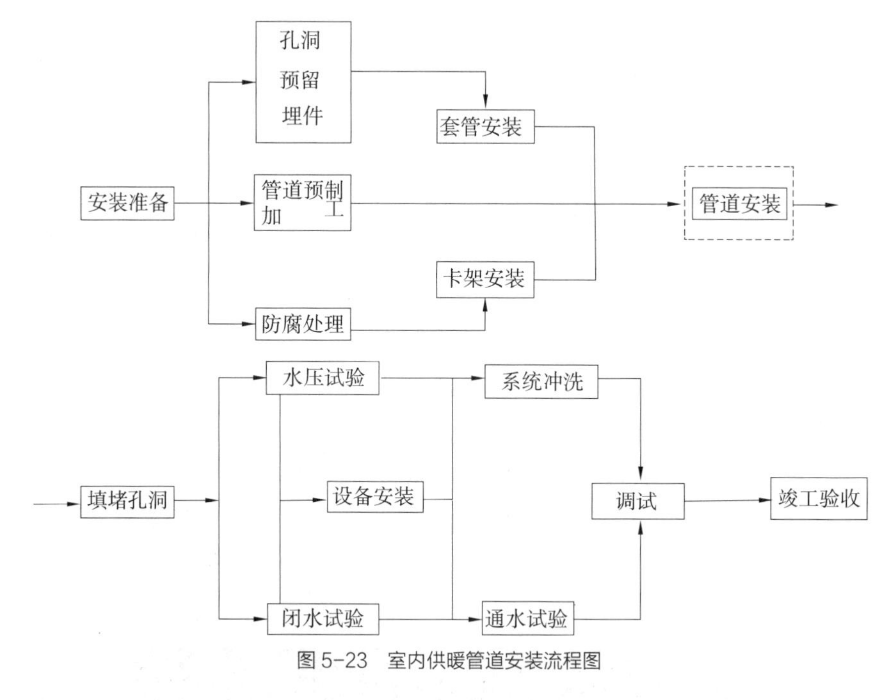

图 5–23 室内供暖管道安装流程图

06 室内供暖管道的安装

室内供暖管道的安装顺序：总管安装、总立管安装、干管安装、立管安装、散热器支管安装。

其中，总管、总立管、干管、高压输送钢管采用焊接连接形式；立管、散热器支管、低压输送钢管采用螺纹连接形式。

07 散热器支管的安装

墙面做完、散热器安装完毕后进行。

散热器支管的安装步骤：管道套丝 → 管道安装

坡度要求：沿水流方向设下降的坡度，坡度值 i=1%，坡向利于排气和泄水。

08 供暖立管安装

供暖立管安装位置如图 5-24 所示。

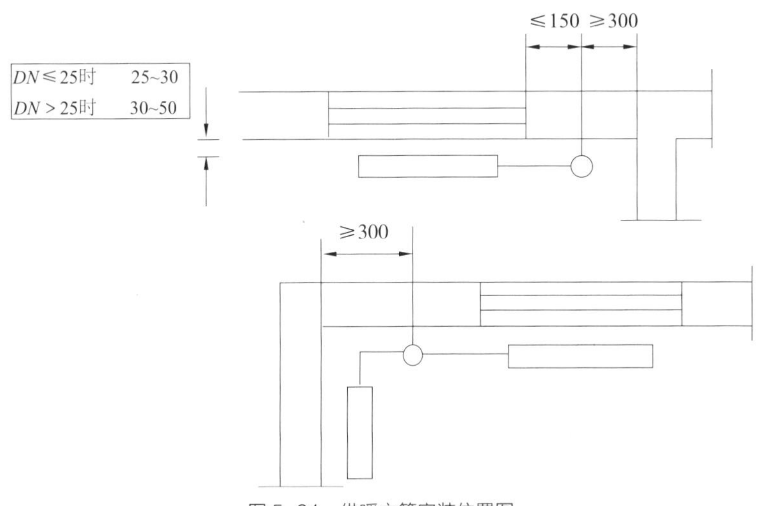

图 5-24 供暖立管安装位置图

（1）立管安装条件

墙面和地面抹灰完成后，散热器安装完成后。

（2）立管安装步骤

管道套丝；

管道定位；

栽埋管卡；

逐层安装；

过楼板处穿套管。

管卡固定要求：层高小于等于 4m 时，每层 1 个，距地 1.5~1.8m；层高大于 4m 时，每层不少于 2 个，均匀安装。

09 供暖总管安装

室内供暖管道的划分：以入口阀门或建筑物外墙皮 1.5m 为界，具体安装设备如图 5-25 所示。

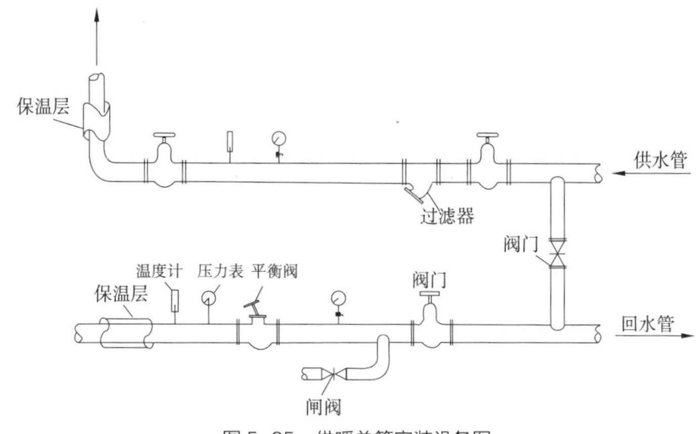

图 5-25　供暖总管安装设备图

⑩ 总立管的安装

总立管的安装要求：

（1）安装前，应检查楼板预留孔洞的位置和尺寸是否符合要求（图 5-26）。

（2）总立管自下而上逐层安装，应尽可能使用长管，减少接口数量。为便于焊接，接口焊缝应置于楼板上 0.4~1.0m 处为宜（图 5-27）。

图 5-26

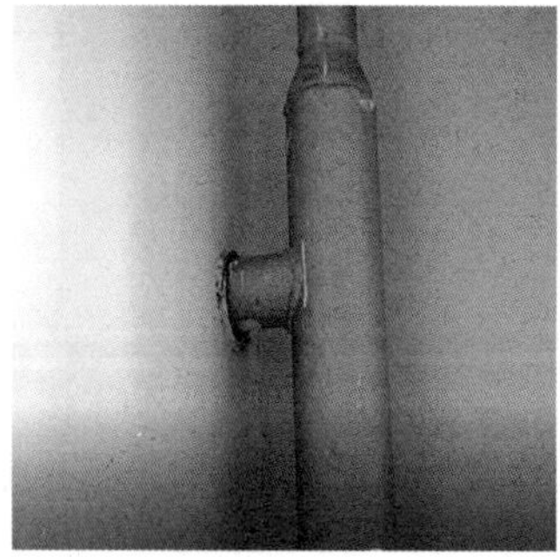
图 5-27

（3）每安装一层总立管，应用角钢、U 形管卡或立管卡固定（图 5-28）。

（4）主立管顶部如分为两个水平分支干管时应用羊角弯连接，并用固定支架固定（图 5-29）。

图 5-28

图 5-29

总立管与供水干管连接示意如图 5-30 所示。

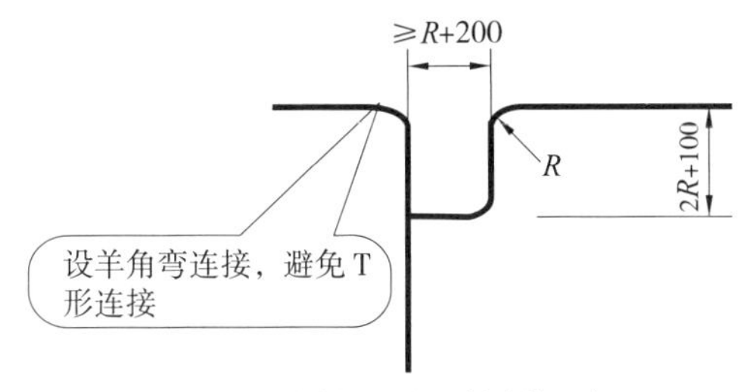

图 5-30　总立管与供水干管连接示意图

11 干管的安装要求

（1）接头不得设于墙体楼板等结构处和套管内。

（2）干管不得穿过烟囱、厕所等，必须穿过时应全长设套管。

在进行管路连接时，遵守一定的安全原则与基本要求，才能发挥热力管道的最大效能。施工人员必须认真熟悉图纸，严格按设计要求的管路规格、型号及敷设方式进行施工安全生产。

2004 年 7 月，某化肥厂一条埋地输气管道发生泄漏。现场 $0.5km^2$ 范围内的空气中弥漫着大量可燃、有毒水煤气，幸而现场无明火火源，而且采取了得当的抢修措施才未造成更大的损失。经检验发现管道于 1975 年投入使用，无施工验收记录，施工质量差，对接焊缝存在着较大错口、咬边、未熔合和低于母材等缺陷。管道采用直埋方式敷设，敷设较浅，还有一处管道仅局部被支撑，绝大部分处于悬空状态。在近 30 年的使用中，只是对发现的泄漏点进行了维修，无维修使用记录。

综上所述，由于管道安装质量低劣、使用过程中没有及时进行检验检测和维修是发生管道泄漏事故的主要原因，如不加强管理可能发生更大的泄漏事故甚至燃爆事故。

安全生产是涉及职工生命安全的大事，是一项长期的、复杂的系统工程，需要不断探索、巩固和创新。

训 练

进行室内供暖金属管道连接训练，填写工作页。

室内供暖金属管道连接训练工作页

学生姓名： 班级： 日期：

工作项目	工作内容
手动套丝操作步骤	
套丝机套丝操作步骤	
室内供暖管道螺纹连接步骤	
室内供暖管道焊接连接步骤	
进行某段室内供暖管道螺纹连接，附连接图示	
进行某段室内供暖管道焊接连接，附连接图示	
总 评	

实训项目 6

室内供暖非金属管道连接

实训目的

通过本次实践训练，使学生：

1. 熟知室内供暖非金属管道的连接要求；
2. 掌握室内供暖非金属管道的连接方法；
3. 具备遵纪守法的责任感。

实训内容

进行室内供暖非金属管道的连接训练。

实 训 步 骤

室内供暖管道常用管材是 PPR 管和 PEX–b 管，PPR 管常采用的连接形式是热熔连接，PEX–b 管常采用的连接形式是卡套连接。

01 室内供暖非金属管道施工前应具备的条件

（1）施工图纸及其他技术文件齐备，并经会审通过。

（2）已确定施工组织设计，且已经过技术交底，施工人员经过必要的技术培训。

（3）管材、管件和专用的工具已具备，管材、管件应符合规定，并附有产品说明书和质量合格证书，能保证正常施工。同一系统的管材应同一颜色，不得混淆。

（4）施工现场应进行清理，清除垃圾、杂物、泥砂、油污；施工过程中应防止管材、管件受污染；安装过程中的开口处应及时封堵。

02 热熔连接

微课：室内供暖管道的热熔连接

（1）热熔连接常用设备

熔接器，如图 6–1 所示。

图 6–1 熔接器

（2）热熔连接步骤

1）检查、切管、清理接头部位（图 6–2）

图 6–2 检查、切管、清理

要求管子外径大于管件内径，以保证熔接后形成合适的凸缘。

2）加热（图 6–3）

将管材外表面和管件内表面同时无旋转地插入熔接器的模头中（已预热到设定温度），加热数秒，加热温度为 260℃。加热时间见表 6–1。

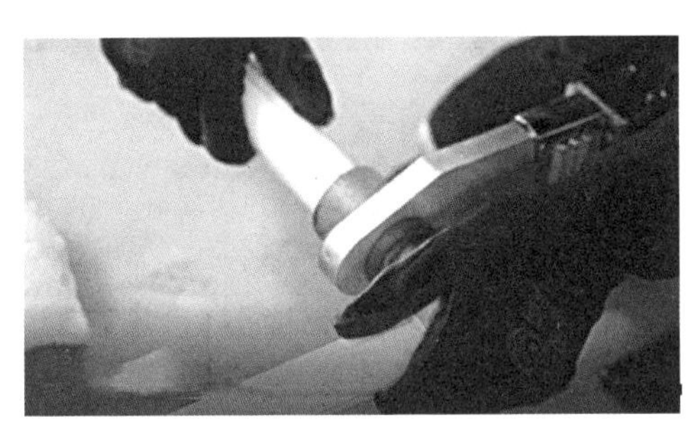

图 6–3 加热

热熔连接加热时间表 表 6–1

管材外径（mm）	熔接深度（mm）	热熔时间（s）	接插时间（s）	冷却时间（s）
20	14	5	4	2
25	16	7	4	2
32	20	8	6	4
40	21	12	6	4
50	22.5	18	6	4
63	24	24	8	6
75	26	30	8	8

注：当操作环境温度低于 0℃时，加热时间应延长二分之一。

3）插接、找正（图 6–4）

管材管件加热到规定的时间后，迅速从熔接器的模头中拔出并撤去熔接器，快速找正方向，迅速无旋转地直线均匀插入到所标深度，使接头处形成均匀凸缘。套入过程中若发现歪斜应及时校正。

4）冷却（图 6–5）

冷却过程中，不得移动管材或管件，完全冷却后才可进行下一个接头的连接操作。

（3）热熔连接的要求

1）热熔连接管道的结合面应有均匀的熔接圈，不得出现局部熔瘤或熔接圈凹凸不匀的现象。

2）准确掌握加热时间。

图 6-4　插接、找正

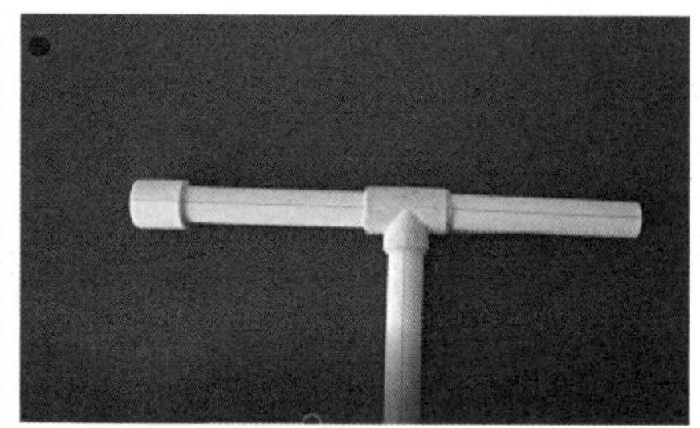

图 6-5　冷却

03 卡套连接

微课：室内供暖管道的卡套连接

卡套连接是通过专用工具对卡紧套施加超过其屈服极限的夹紧力，使其产生永久性的塑性变形来实现管材与管件的连接与密封。卡紧套采用不锈钢，必须将其与管件焊接成一个整体；密封圈为硅橡胶，隔离垫圈为聚乙烯材料。采用卡套式连接方式，不受管道振动的影响，连接可靠，密封好，安装效率高，使用寿命长。缺点是拆卸后，管件不能重复使用。

（1）卡套连接使用工具

液压式滑紧钳、两边双用模、扩管钳、扩管模具、切管刀、PEX-b 管、卷尺、滑动式变径弯头（图 6-6）。

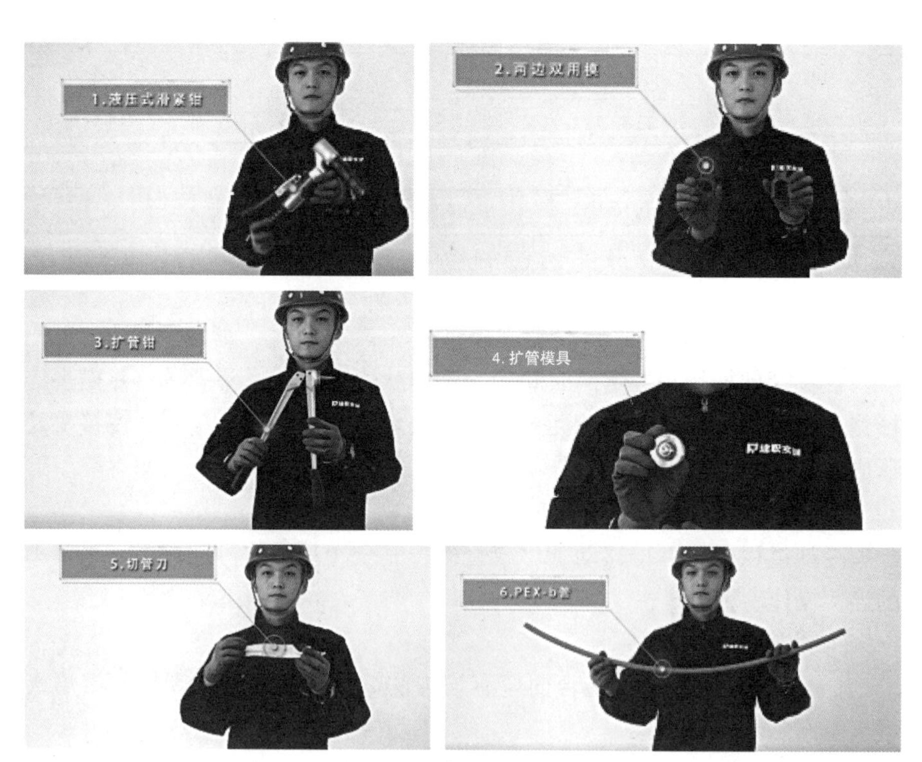

图 6-6　卡套连接使用工具

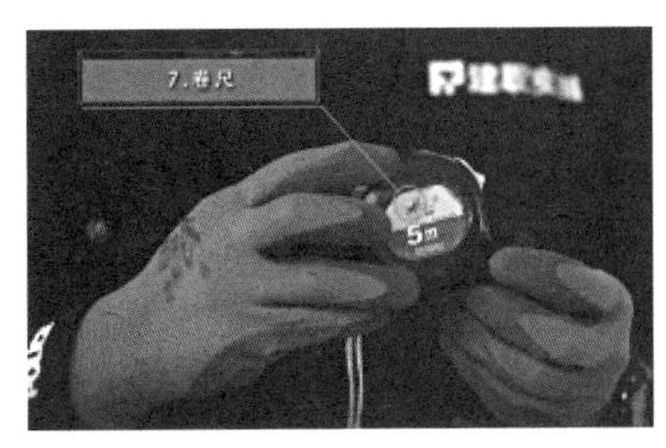

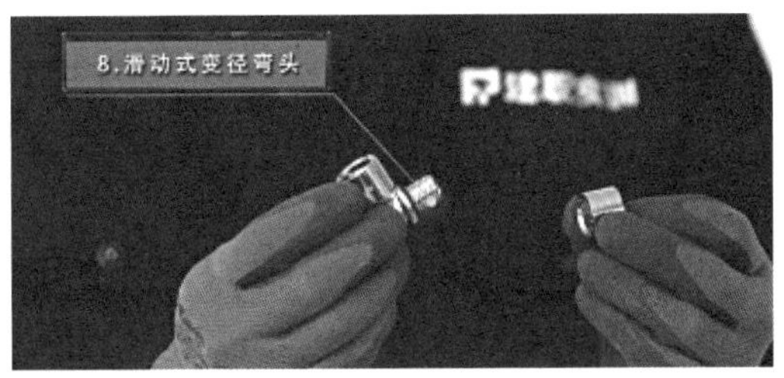

图 6-6 卡套连接使用工具（续）

（2）卡套连接步骤

1）用卷尺量 20mmPEX-b 管，用切管刀切断，拉直（图 6-7）。

2）将滑动式变径弯头管件上的套环分别套在两段管上，扩管钳套上模具，将两段管端分别进行扩口（图 6-8）。

3）把滑动式变径弯头管件插入已扩的管口内，液压滑动钳套上两边双用模具，将套环与滑动式变径弯头压紧（图 6-9）。

图 6-7

图 6-8

（3）燃气壁挂炉与分集水器连接步骤

1）将球阀安装在燃气壁挂炉供暖供水管上（图 6-10）。

图 6-9

图 6-10

2）量取供暖供水管与分水器水平距离用切管刀截取 PEX-b 管（图 6-11）。

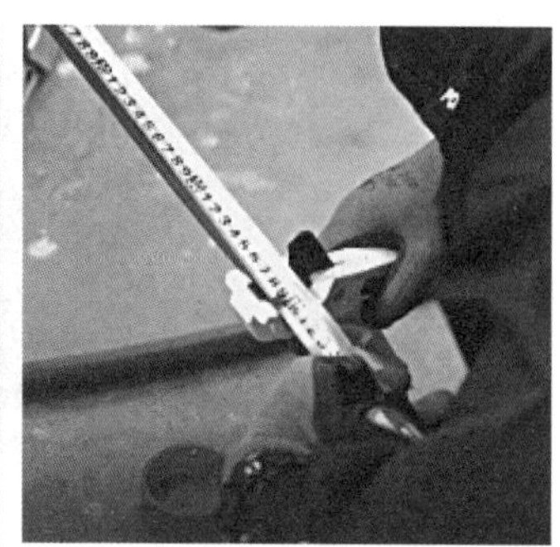

图 6-11

3）将套环套在管上，将扩管模具套在扩管钳上，对管道端部进行扩口，将滑动式变径弯头管件插入扩口内（图 6-12）。

4）用液压滑动钳压接管道与管件（图 6-13）。

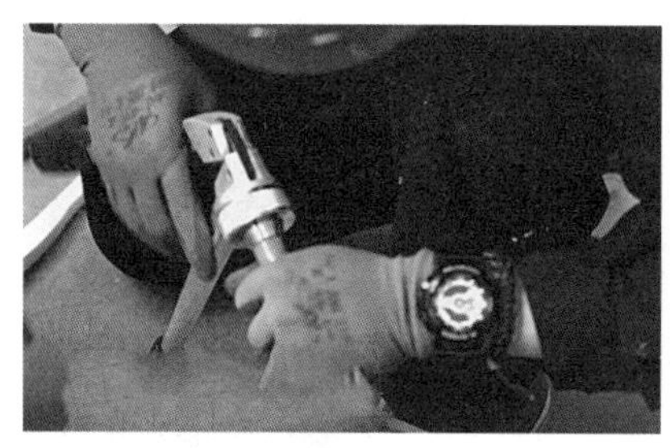

图 6-12

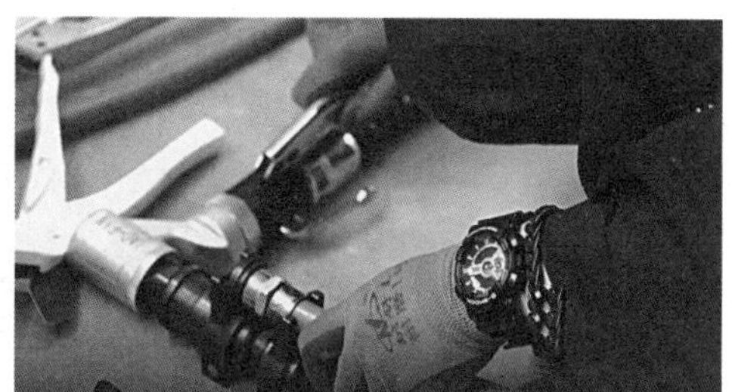

图 6-13

5）管道与分水器连接为螺纹连接，缠生料带，用活口扳手拧紧（图 6-14）。

6）量取供暖供水管与分水器垂直距离、用卷尺量管，切管刀截取 PEX-b 管、套上套环，用扩管钳对管道端部进行扩口，用液压滑动钳压接管道与管件（图 6-15）。

图 6-14

图 6-15

7）管道与燃气壁挂炉供暖供水管球阀的连接为螺纹连接，将外丝缠生料带，拧上，用活口扳手拧紧（图 6–16）。

8）将弯头管件套在这两段管的另外两端、扩口、插入弯头、压紧（图 6–17）。

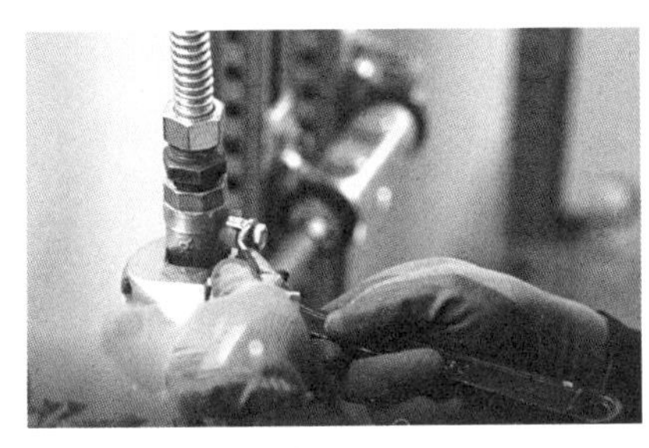

图 6–16

图 6–17

9）用活口扳手把各个螺母拧紧（图 6–18）。

图 6–18

10）收拾整理工具和场地。

（4）卡套连接优缺点

其优点为：操作简单、方便、连接容易，大大缩短施工工期。连接严密、几乎无渗漏情况。其缺点为：管件价格贵，成本高。

04 室内供暖非金属管道的敷设要求

（1）室内供暖非金属管道不宜在室外明设，当需要在室外明设时，管道应布置在不受阳关直接照射处或有遮光措施。结冻地区室外明设的管道，应采取防冻措施。

（2）室内明设的管道，宜在内墙面粉刷层（或贴面层）完成后进行安装；直埋暗设的管道，应配合土建施工同时进行安装。

（3）室内供暖非金属管道在室内敷设时，宜采用暗设。暗设方式包括直埋和非直埋两种。直埋敷设是指嵌墙敷设和在楼（地）面的找平层内敷设，不得将管道直接埋设在结构层内；非直埋敷设是指将管道在管道井内、吊顶内、装饰板后敷设，以及在地坪的架空层内敷设。

（4）直埋敷设的管道外径不宜大于25mm；嵌墙敷设的横管距地面的高度宜不大于0.45m，且应遵循热水管在上，冷水管在下的规定。

（5）住宅内直埋敷设在楼（地）面找平层内的管道，在走道、厅、卧室部位宜沿墙脚敷设；在厨房、卫生间内宜设分水器，并使各分支管以最短距离到达各配水点。

直埋敷设的管道应采用整条管道，中途不应设三通接出分支管。阀门应设在直埋管道的端部。

（6）分水器宜配置分水器盒。当分水器的分支管嵌墙敷设时，分水器宜水平安装。管道与分水器的连接口应便于检修。

（7）明设管道不得穿越卧室、贮藏室、变配电间、电脑房等遇水会损坏设备或物品的房间，不得穿越烟道、风道、便槽。

管道应远离热源，立管距灶边的净距不得小于0.4m，距燃气热水器的距离不得小于0.2m，不满足此要求时应采取隔热措施。

（8）管道穿越楼板、屋面时，穿越部位应设置固定支承件，并应有严格的防水措施。管道穿越墙、梁时宜设套管。

管道穿越地下室外墙或钢筋混凝土水池（箱）壁时，应预埋刚性防水套管，套管与管壁之间的环形空隙，应有严格的防水封堵措施。

（9）室内供暖非金属管道上连接的各种阀门，应固定牢靠，不应将阀门自重和操作力矩传递给管道。

（10）管道不宜穿越建筑物沉降缝、伸缩缝，当一定要穿越时，管道应有相应的补偿措施。

（11）公称外径 *De* 不大于32mm的管道，转弯时应尽量利用管道自身直接弯曲。直接弯曲的弯曲半径，以管轴心计不得小于管道外径的5倍。管道弯曲时应使用专用的弯曲工具，管道直接弯曲时，公称外径 *De* 不大于25mm的管道可采用在管内放置专用弹簧用手加力弯曲；公称外径 *De* 大于或等于32mm的管道，宜采用专用弯管器弯曲。应一次弯曲成形，不得多次弯曲。

（12）暗设在吊顶、管井内的管道，管道表面（有保温层时按保温层表面计）与周围墙、板面的净距不宜小于50mm。

05 室内供暖非金属管道系统的检验及验收要求

（1）管道系统应根据工程性质和特点进行中间验收和竣工验收。中间验收应由施工单位会同工程监理单位进行；竣工验收应由建设单位全面负责或委托工程监理单位进行，必要时请设计单位进行联合验收。中间验收、竣工验收前施工单位应进行自检。

（2）中间验收在管道安装完成之后隐蔽之前进行，并可根据施工进度分管段进行，但整个管道系统合拢后必须再进行一次水压试验。

（3）中间验收应符合下列规定：

1）管材的型号、标志、管径和敷设位置应符合设计要求。

2）管道的固定应牢靠，管道支承间距应符合规定，固定支承件的位置应正确。

3）按规定进行水压试验。

4）检验合格后填写验收记录并签字。

（4）管道竣工验收应具备下列文件资料：

1）施工图、竣工图及设计变更文件。

2）管材、管件和主要管道附件等的出厂合格证或产品检验报告。

3）中间验收记录、水压试验记录、管道消毒和清洗记录。

4）工程质量检验评定记录。

5）工程质量事故处理记录。

（5）工程竣工质量应符合设计要求，竣工验收应重点检查和检验以下项目：

1）管位、标高的正确性。

2）抽查部分管段，检查接口、支承是否牢固及位置是否正确。

3）开启部分配水件，水流应通畅。

4）抽查部分阀门，其启闭应灵活；各种仪表指示应正确灵敏。

非金属管道常见的材质有高分子材料，比如塑料、橡胶；复合材料，比如以高分子材料为基体的非金属复合材料；新型材料，比如纳米材料等。施工安装应标准化，采用标准化施工的优点是：①设计施工质量有保证，有利于提高工程质量；②可以减少重复劳动，加快施工速度；③有利于采用和推广新技术；④便于实行构配件生产工厂化、装配化和施工机械化，提高劳动生产率，加快建设进度；⑤有利于节约建设材料，降低工程造价，提高经济效益。我们在进行管道施工安装时必须严格遵守相关的具有法律效力的施工标准、规范。

训 练

（1）热熔连接实训练习，填写工作页。

（2）燃气壁挂炉与分集水器连接实训练习，填写工作页。

室内供暖非金属管道连接训练工作页

学生姓名： 班级： 日期：

工作项目	工作内容
热熔连接操作步骤	
卡套连接操作步骤	
燃气壁挂炉与分集水器连接步骤	
进行某段室内供暖管道热熔连接，附连接图示	
进行某段燃气壁挂炉与分集水器连接，附连接图示	
总 评	

实训项目 7

散热器试压、安装

实训目的

通过本次实践训练，使学生：

1.掌握散热器试压方法及其注意事项；

2.掌握散热器的安装要求；

3.具备耐心、细致的工作态度，认真、严谨的工作作风。

实训内容

1.进行散热器试压训练；

2.进行散热器安装训练。

实训步骤

01 不同种类散热器的安装方法

铸铁散热器可分为对丝连接式和法兰连接式。柱型、长翼型铸铁散热器属于对丝连接，圆翼型铸铁散热器属于法兰连接。

02 铸铁散热器的水压试验

微课：散热器的水压试验

散热器组对后，必须进行水压试验，合格后才能安装。如设计无要求时试验压力应为工作压力的 1.5 倍，但不得小于 0.6MPa。水压试验的持续时间为 2~3min，在持续时间内不得有压力降，不渗不漏为合格。散热器水压试验连接装置如图 7–1 所示。

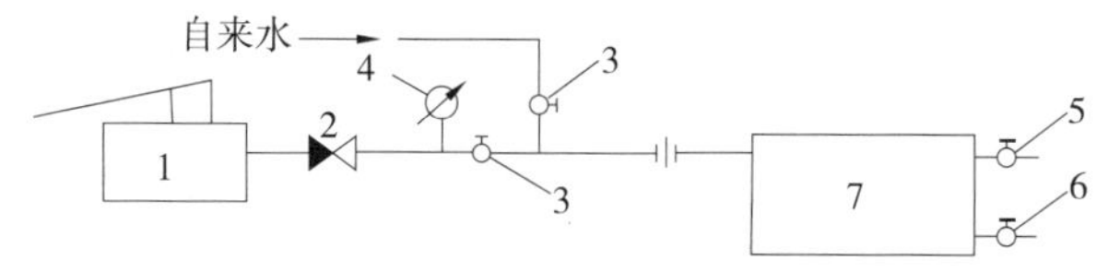

图 7–1　散热器水压试验装置

1—手压泵；2—止回阀；3—截止阀；4—压力表；5—放气阀；6—泄水阀；7—散热器组

材料准备：1 组散热器、1 卷生料带、少许麻（图 7–2）。

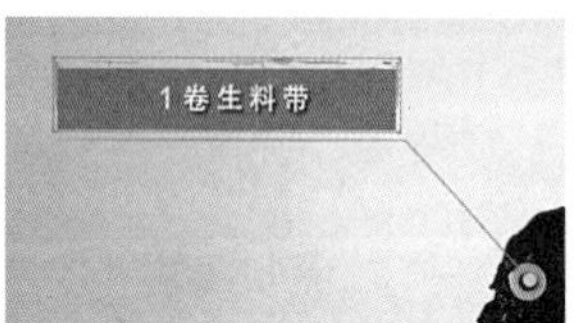

图 7–2　材料准备

工具准备：1 套手压泵、1 把管钳子、2 个散热器堵头（图 7–3）。

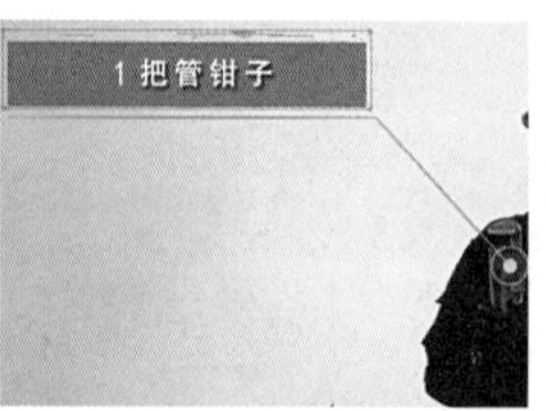

图 7–3　工具准备

03 铸铁散热器的安装

微课：散热器的施工安装

散热器安装一般在内墙抹灰完成后进行。

安装形式有明装、暗装和半暗装三种。

（1）确定散热器位置　散热器一般布置在外窗下面，其中心线应与外窗中心线重合。散热器背面距墙面净距应符合设计或产品说明书的要求，如设计未注明，应为 30mm。散热器安装时，窗台至地面的距离应满足散热器安装所需的尺寸以及下部布置回水管道所需的尺寸。

散热器中心距墙面的尺寸应符合表 7-1 的规定。

散热器中心至墙面距离表　　表 7-1

散热器型号	60 型	M-132 型	四柱型	圆翼型	扁管、板式（外沿）	串片型	
						平放	竖放
中心至墙面距离（mm）	115	115	130	115	30	95	60

散热器在窗台下布置的具体要求如图 7-4 所示。

（2）埋栽散热器托钩　散热器有两种安装方式：一种是安装在墙上的托钩上，一种是安装在地上的支座上。

散热器托钩可用圆钢或扁钢制作，如图 7-5 所示，散热器托钩的长度见表 7-2。

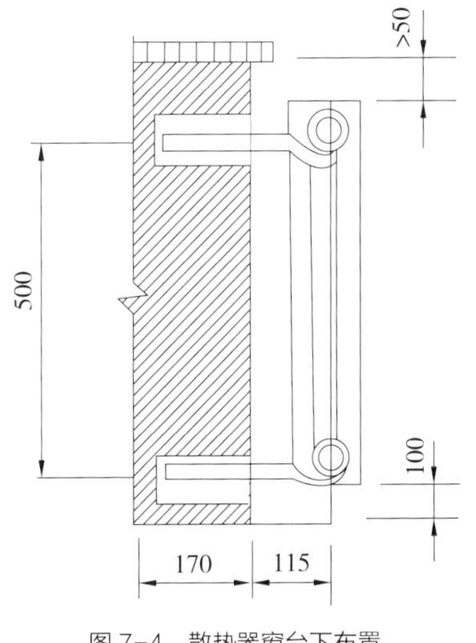

图 7-4　散热器窗台下布置

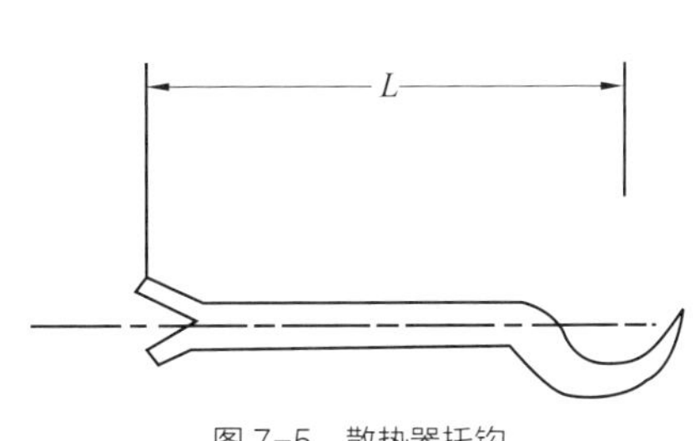

图 7-5　散热器托钩

散热器托钩长度表　　表 7-2

散热器名称	托钩长度 L（mm）	散热器名称	托钩长度 L（mm）
长翼型	≥ 235	四柱	≥ 262
圆翼型	≥ 225	五柱	≥ 284
M-132	≥ 246		

当散热器墙上安装时，应首先确定散热器托钩的数量和位置。散热器托钩的数量因散热器的型号、组装片数不同而异，而且每组散热器上下托钩的数量也不相同。上托钩主要是保证散热器的垂直度，数量少；下托钩主要承重，数量多。散热器托钩位置取决于散热器的安装位置，在墙上画线时，应注意上下托钩中心即是散热器的上下接口中心，还要考虑散热器接口的间隙，一般每个接口间隙以 2mm 计。

表 7-3 给出了铸铁散热器的卡架、托钩数量。

散热器卡架、托钩数量表　　表 7-3

散热器形式	安装方式	每组片数	上部托钩或卡架数	下部托钩或卡架数	总计
长翼型	挂墙	2~4 5 6 7	1 2 2 2	2 2 3 4	3 4 5 6
柱型 柱翼型	挂墙	3~8 9~12 13~16 17~20 21~25	1 1 2 2 2	2 3 4 5 6	3 4 6 7 8
柱型 柱翼型	带足 落地	3~8 9~12 13~16 17~20 21~25	1 1 2 2 2		1 1 2 2 2

注：1. 轻质墙结构，散热器底部可用特制金属卡架支撑。
2. 安装带足的柱型散热器，每组所需带足片数为：14 片以下为 2 片；15~25 片为 3 片。
3. M-132 型及柱型散热器下部为托钩，上部为卡架；长翼型散热器上下均为托钩。

（3）散热器安装步骤

1）按设计图要求，将符合型号、规格要求和组对好并试压完毕的散热器运到各房间（图 7-6）。

2）距地 300mm 画水平线（图 7-7）。

图 7-6

图 7-7

3）取窗口中心做垂线（图 7–8）。

图 7-8

4）丈量散热器接口中心，在垂直线上量出高度值，画出第二条水平线（图 7–9）。

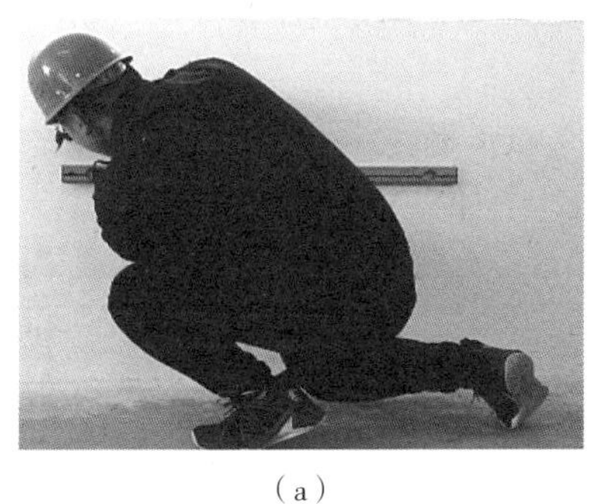

（a）

（b）

图 7-9
（a）量高度；（b）画第二条水平线

5）计算栽埋散热器托钩数目，确定栽埋托钩的位置（图 7–10）。

6）钻孔、安装汽包钩、挂装散热器（图 7–11）。

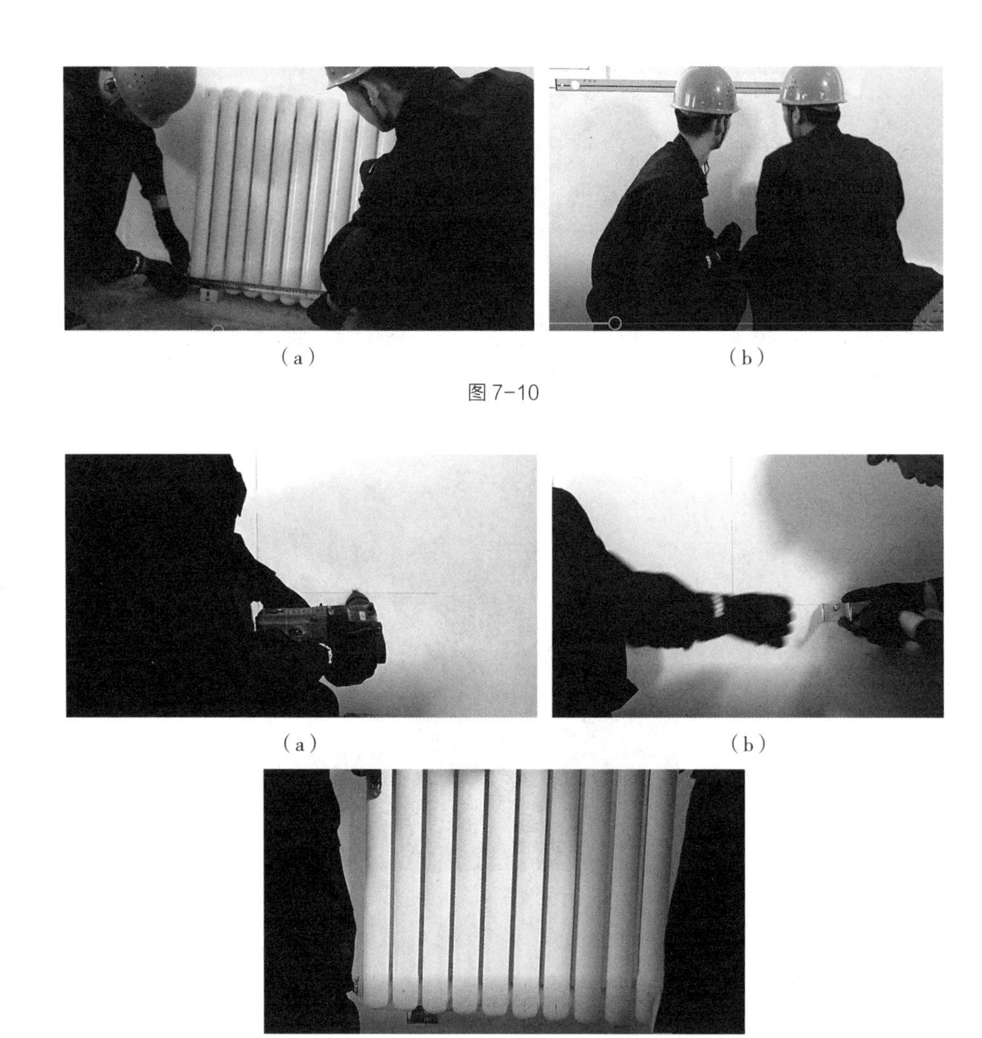

(a) (b)

图 7-10

(a) (b)

(c)

图 7-11

(a)钻孔；(b)装汽泡钩；(c)挂散热器

安装后的散热器位置应满足表 7-4 的要求。

散热器安装允许偏差的检验方法表　　表 7-4

<table>
<tr><th colspan="3">项目</th><th>允许偏差（mm）</th><th>检验方法</th></tr>
<tr><td rowspan="5">散热器</td><td rowspan="2">坐标</td><td>背面至墙面距离</td><td>3</td><td rowspan="3">用水准仪（水平尺）、直尺、拉线和尺量检查</td></tr>
<tr><td>与窗口中心线</td><td>20</td></tr>
<tr><td>标高</td><td>底部距地面</td><td>15</td></tr>
<tr><td colspan="2">中心线垂直度</td><td>3</td><td rowspan="2">吊线和尺量检查</td></tr>
<tr><td colspan="2">侧面倾斜度</td><td>3</td></tr>
</table>

续表

<table>
<tr><th colspan="5">项目</th><th>允许偏差（mm）</th><th>检验方法</th></tr>
<tr><td rowspan="6">散热器</td><td rowspan="6">全长内的弯曲</td><td rowspan="3">灰铸铁</td><td>长翼型（60）</td><td>2~4 片
5~7 片</td><td>4
6</td><td rowspan="6">用水准仪（水平尺）、直尺、拉线和尺量检查</td></tr>
<tr><td>圆翼型</td><td>2m 以内
3~4m</td><td>3
4</td></tr>
<tr><td>M-132 柱型</td><td>3~15 片
16~24 片</td><td>4
6</td></tr>
<tr><td rowspan="3">钢制</td><td>串片型</td><td>2 节以内
3~4 节</td><td>3
4</td></tr>
<tr><td>扁管（板式）</td><td>$L \leq 1m$
$L > 1m$</td><td>4（3）
6（5）</td></tr>
<tr><td>柱型</td><td>3~15 片
16~25 片</td><td>4
6</td></tr>
</table>

同学们应根据供暖用户要求的具体情况进行综合分析，仔细选择与之相适应的散热器安装形式，保证用户供暖系统安全、经济运行。我们如果把握好了每一个环节，将每一个细节经营完美，终端结果的完美必将水到渠成。

汪中求先生在《细节决定成败》一书中说道：“中国绝不缺少雄韬伟略的战略家，缺少的是精益求精的执行者；绝不缺少各类规章制度、管理制度，缺少的是对规章制度不折不扣的执行。”

“细节决定成败”其实是一个很朴素而且操作简单的道理。

训 练

（1）进行散热器的水压试验，填写工作页。

（2）进行散热器的安装训练，填写工作页。

散热器试压、安装训练工作页

学生姓名：　　　　班级：　　　　　　　　日期：

工作项目	工作内容
散热器试压操作步骤	
散热器安装操作步骤	
进行散热器试压实训，附图示	
进行散热器安装实训，附图示	
总　评	

笔记页

实训项目 8

阀门安装

实训目的

通过本次实践训练，使学生：

1. 掌握螺纹阀门的安装方法及注意事项；
2. 掌握法兰阀门的安装方法及注意事项；
3. 具有节能意识。

实训内容

1. 进行螺纹阀门的安装训练；
2. 进行法兰阀门的安装训练。

实训步骤

阀门的类型繁多，其结构形式、制造材料、驱动方式及连接形式各有特点，室内供暖工程中常用阀门有：闸阀、截止阀、止回阀、旋塞阀、球阀、蝶阀、安全阀、节流阀、电磁阀等。

螺纹阀门与管道的连接形式均是螺纹式连接，工作压力 1.6~32MPa，主要用于公称直径 *DN*10~50mm 的低压、小口径管道，适合作为切断或调节阀门使用（图 8-1）。

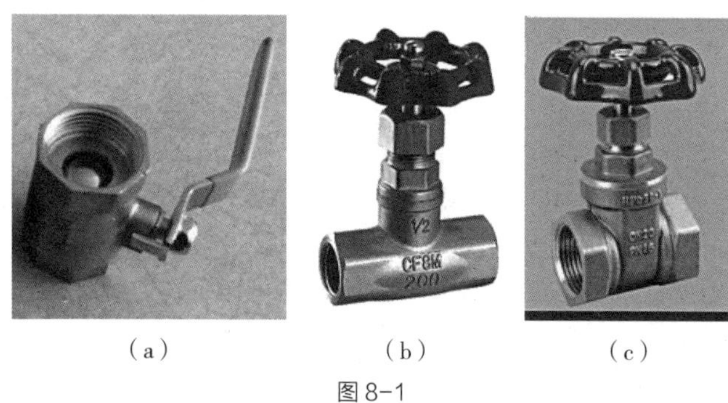

（a）　（b）　（c）

图 8-1

（a）螺纹球阀；（b）螺纹截止阀；（c）螺纹闸阀

法兰阀门适用于公称压力 4.0~10.0MPa，工作温度 -29~600℃的管路，可用作切断或接通管路介质，以及调节和节流流体时使用（图 8-2）。

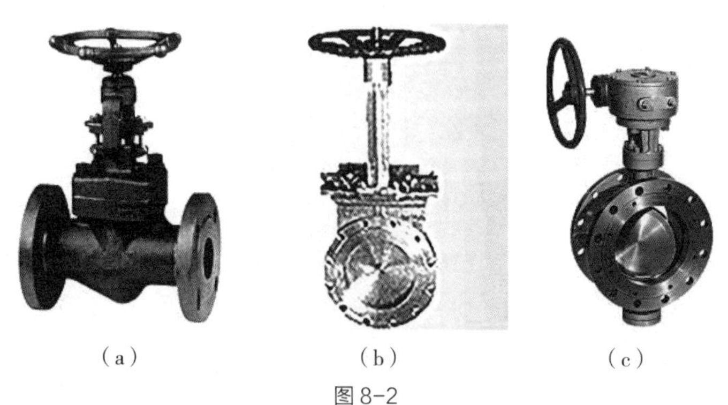

（a）　（b）　（c）

图 8-2

（a）法兰截止阀；（b）法兰闸阀；（c）法兰蝶阀

01 阀门安装前应做的检查及实验

（1）阀门安装前应做的检查

1）仔细检查核对阀门型号、规格是否符合图纸要求。

2）检查阀杆和阀瓣开启是否灵活，有无卡住或歪斜现象。

3）检查阀门有无损坏，螺纹阀门的螺纹是否端正和完整无缺。

4）检查阀座与阀体的结合是否牢固，阀瓣与阀座、阀盖和阀体的结合是否良好，阀杆与阀瓣的连接是否灵活可靠。

5）检查阀门垫料、填料及紧固件（螺栓）是否适合于工作介质性质的要求。

6）陈旧的或搁置较久的减压阀应拆卸，将灰尘、砂粒等杂质用水清洗干净。

7）清除通口封盖，检查密封程度，阀瓣必须关闭严密。

（2）阀门安装前应做的试验

施工的阀门应有合格证，无合格证或发现某些损伤时，应进行水压试验。《工业金属管道工程施工规范》GB 50235 规定：低压阀门应从每批（同厂家、同型号、同批出厂）产品中抽查 10%，且不少于 1 个，进行强度和严密性试验，若有不合格，再抽查 20%。抽检的低压、中压和高压阀门要进行强度试验和严密性试验，合金钢阀门还应逐个对壳体进行光谱分析，复查材质。

1）阀门的强度试验 阀门的强度试验是在阀门开启状态下进行的试验，用以检查阀门外表面的渗漏情况。公称压力小于等于 32MPa 的阀门，其试验压力为公称压力的 1.5 倍，试验时间不少于 5min，壳体、填料压盖处无渗漏为合格。

公称压力大于 32MPa 的阀门，试验压力见表 8-1。

强度试验压力 表 8-1

公称压力 P_N（MPa）	试验压力 P_S（MPa）
40	56
50	70
64	90
80	110
100	130

闸阀和截止阀进行强度试验时，应把闸板或阀瓣打开，压力从通路一端引入，另一端封堵；试验止回阀时，应从进口端引入压力，出口一端堵塞；试验直通旋塞阀时，旋塞应调整到全开状态，压力从通路一端引入，另一端堵塞；试验三通旋塞阀时，应把旋塞调整到全开的各个工作位置进行试验。带有旁通附件的，试验时旁通也应打开。

2）阀门的严密性试验 阀门的严密性试验是在阀门完全关闭状态下进行的试验，检查阀门密封面是否有渗漏。除蝶阀、止回阀、底阀、节流阀外，阀门的试验压力一般应以公称压力进行；能够确定工作压力的，可用

1.25 倍的工作压力进行试验，以阀瓣密封面不漏为合格。

公称压力小于或等于 2.5MPa 的水用闸阀允许有不超过表 8–2 的渗漏量。

闸阀密封面允许渗漏量　　表 8–2

公称直径 *DN*（mm）	允许渗漏量（cm^3/min）	公称直径 *DN*（mm）	允许渗漏量（cm^3/min）
≤ 40	0.05	600	10
50~80	0.10	700	15
100~150	0.20	800	20
200	0.30	900	25
250	0.50	1000	30
300	1.5	1200	50
350	2.0	1400	75
400	3.0	≥ 1600	100
500	5.0		

试验闸阀时，应将闸板紧闭，从阀的一端引入压力，在另一端检查其严密性。检查合格后，再从阀的另一端引入压力，从反方向的一端检查其严密性。双闸板的闸阀，通过两闸板之间阀盖上的螺栓孔引入压力，在阀的两端检查其严密性；试验截止阀时，阀瓣应紧闭，压力从阀孔低的一端引入，在阀的另一端检查其严密性；试验止回阀时，压力从介质出口一端引入，在进口一端检查其严密性；试验直通旋塞阀时，将旋塞调整到全关位置，压力从一端引入，另一端检查其严密性；对于三通旋塞阀，应将塞子轮流调整到各个关闭位置，引入压力后在另一端检查其各关闭位置的严密性。

试验合格的阀门，应及时排尽内部积水，密封面应涂防锈油（需脱脂的阀门除外），关闭阀门，封闭进出口，填写阀门试验记录表。

02 阀门安装的一般规定及注意事项

（1）阀门安装的一般规定

1）阀门安装的位置不应妨碍设备、管道及阀体本身的操作、拆装和检修，同时要考虑组装外形的美观。

2）水平管道上的阀门，阀杆应朝上安装或倾斜一定角度安装，不可将手轮朝下安装。高空管道上的阀门、阀杆和手轮可水平安装，用垂向低处的链条远距离操纵阀门的启闭。

3）在同一房间内、同一设备上安装的阀门，应排列对称、整齐美观；立管上的阀门，在工艺允许的前提下，阀门手轮以齐胸高最适宜操作，一般以距地面 1.0~1.2m 为宜，且阀杆必须顺着操作者方向安装。

4）并排立管上的阀门，其中心线标高最好一致，且手轮之间净距不小于 100mm；并排水平管道上的阀门应错开安装，以减小管道间距(图 8–3)。

图 8–3

5）在水泵、换热器等设备上安装较重的阀门时，应设阀门支架；操作频繁且又安装在距操作面 1.8m 以上的阀门，应设固定的操作平台。

6）阀门的阀体上有箭头标志的，箭头的指向即为介质的流动方向，安装阀门时，应注意使箭头指向与管道内介质流向相同。止回阀、截止阀、减压阀、疏水阀、节流阀、安全阀等均不得反装（图 8–4）。

图 8–4

7）安装法兰阀门时，应保证两法兰端面互相平行且同心，不得使用双垫片（图 8–5）。

图 8–5

8）安装螺纹阀门时，为便于拆卸，一个螺纹阀门应配用一个活接。活接的设置应考虑检修的方便，通常是水先流经阀门后流经活接。

（2）阀门安装的注意事项

1）阀门的阀体材料多采用铸铁制作，性脆，不得受重物撞击。

2）搬运阀门时，不允许随手抛掷；吊运、吊装阀门时，绳索应系在阀体上，严禁系在手轮、阀杆及法兰螺栓孔上。

3）阀门应安装在操作、维护和检修最方便的地方，严禁埋于地下。直埋和地沟内管道上的阀门处，应设检查井，以便于阀门的启闭和调节。

4）安装螺纹阀门时，应保证螺纹完整无损，并在螺纹上缠麻、抹铅油或缠上聚四氟乙烯生料带，注意不得把麻丝挤到阀门里去。旋扣时，需用扳手卡住拧入管子一端的六角阀体，以保证阀体不致变形或胀裂。

5）安装法兰阀门时，注意沿对角线方向拧紧连接螺栓，拧动时用力要均匀，以防垫片跑偏或引起阀体变形与损坏。

6）阀门在安装时应保持关闭状态。靠墙较近的螺纹阀门，安装时常需要卸去阀杆阀瓣和手轮，才能拧转；拆卸时，应在拧动手轮使阀门保持开启状态后，再进行拆卸，否则易拧断阀杆。

03 闸阀、截止阀、止回阀的安装方法

微课：供热管道螺纹阀门施工安装

微课：供热管道法兰阀门施工安装

闸阀又称闸板阀，是利用闸板来控制启闭，通过改变横断面面积来调节管路流量和启闭管路，闸阀多用于对流体介质做全启或全闭操作的管路。

闸阀安装一般无方向性要求，但不能倒装（即阀杆朝下安装），倒装时，操作和检修都不方便。明杆闸阀适用于地面上或管道上方有足够空间的地方；暗杆闸阀多用于地下管道或管道上方没有足够空间的地方。为了防止阀杆锈蚀，明杆闸阀不许装在地下。

截止阀是利用阀瓣来控制启闭的，通过改变阀瓣与阀座的间隙，即改变通道截面的大小来调节介质流量或截断介质通路。

安装截止阀必须注意流体的流向，管道中的流体由下而上通过阀孔，俗称“低进高出”，不许装反，只有这样流体通过阀孔的阻力才最小，开启阀门才省力，且阀门关闭时，因填料不与介质接触，既方便了检修，又不使填料和阀杆受损坏，从而延长了阀门的使用寿命。

止回阀又称逆止阀、单向阀，是在阀门前后压力差作用下自动启闭的阀门，其作用是使介质只做一个方向的流动，阻止介质逆向流动。

止回阀按其结构不同，有升降式、旋启式和蝶形对夹式等，升降式止回阀又有卧式与立式之分。安装止回阀时，也应注意介质的流向，不能装反。卧式、升降式止回阀应水平安装，要求阀孔中心线与水平面相垂直。立式升降式止回阀，只能安装在介质由下向上流动的垂直管道上。旋启式止回阀有单瓣、双瓣和多瓣之分，安装时摇板的旋转枢轴必须水平，旋启式止回阀既可以安装在水平管道上，也可以安装在介质由下向上流动的垂直管道上。

图 8-6

（1）螺纹阀门安装操作步骤

1）阀门在安装时应保持关闭状态（图 8-6）。

2）在螺纹上缠上聚四氟乙烯生料带，用手将阀件拧上（图 8-7）。

3）旋扣时，需用扳手卡住拧入管子一端的六角阀体，用适合于管径规格的管钳拧紧（图 8-8）。

图 8-7

4）上紧阀件后，管螺纹应剩余有 2 扣螺纹，并将残留填料清理干净（图 8–9）。

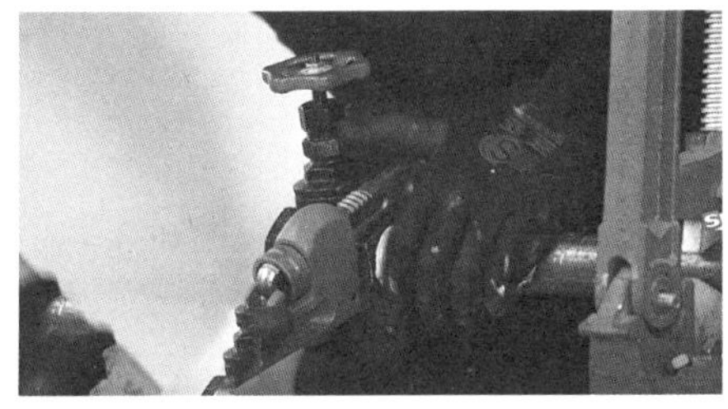

图 8–8

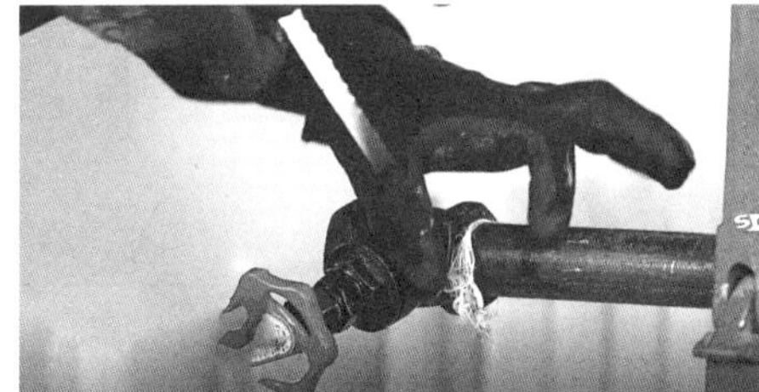

图 8–9

（2）法兰碟阀安装操作步骤

1）阀门在安装时应保持关闭状态（图 8–10）。

2）法兰和钢管已经焊接完成（图 8–11）。

3）对接阀门与管道的法兰（图 8–12）。

图 8–10

图 8–11

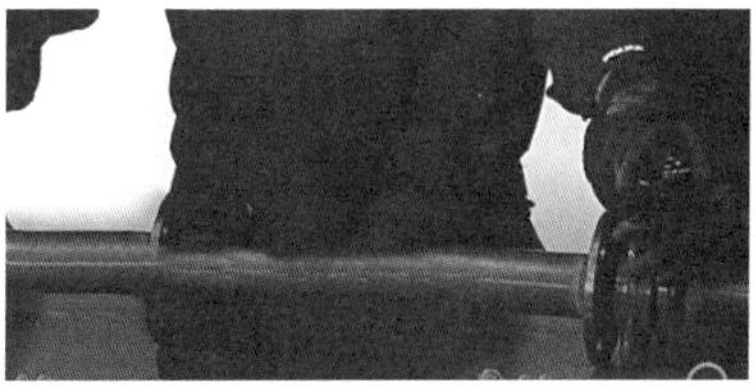

图 8–12

4）上螺栓（用手）、紧螺栓（用适合管子规格的扳手加力）。螺栓拧紧加力应对称进行，即采用十字法拧紧，以使各螺栓受力均匀，保证法兰不变形（图 8–13）。

5）螺栓拧紧后螺杆外露长度不应小于螺栓直径的一半，且不少于 2 扣（图 8–14）。

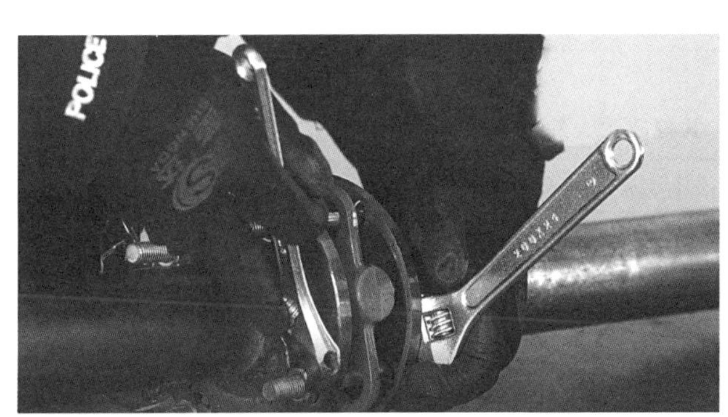

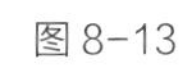

图 8–13

图 8–14

04 一般阀门的常见故障与产生的原因

一般阀门常见故障，主要表现在阀门填料函泄漏、阀杆失灵、密封面泄漏、垫圈泄漏、阀门开裂、手轮损坏、压盖断裂及闸板失灵等方面。

故障的原因与维修方法分别见表 8–3~ 表 8–7。

填料函泄漏原因与维修方法表　　表 8–3

故障原因	维修方法
装填填料方法不正确（如整根盘旋放入）	正确装填料
阀杆变形或腐蚀生锈	修理或换新
填料老化	更换填料
操作用力不当或用力过猛	缓开缓闭，操作平稳

阀杆失灵原因与维修方法表　　表 8–4

故障原因	维修方法
阀杆损伤、腐蚀脱扣	更换阀件
阀杆弯扭	阀门不易开启时，不要用长器具撬手轮，弯扭的阀杆需要更换
阀杆螺母倾斜	更换阀件或阀门
露天阀门锈死	露天阀门应加强养护，定期转动手轮

密封面泄漏原因与维修方法表　　表 8–5

故障原因	维修方法
密封面磨损，轻度腐蚀	定期研磨
关闭不当，密封面接触不好	缓慢、反复启闭几次
阀杆弯曲，上、下密封面不对中心线	修理或更换
杂质堵住阀孔	开启，排除杂物，再缓慢关闭，必要时加过滤器
密封圈与阀座、阀瓣配合不严	修理
阀瓣与阀杆连接不牢	修理或换件

其他故障、原因与维修方法表　　表 8–6

故障	故障原因	维修方法
垫片泄漏	垫片材质不适应或在日常使用中受介质影响失效	采用与工作条件相适应的垫片或更换垫片
阀门开裂	冻坏或螺纹阀门安装时用力过大	保温防冻，安装时用力均匀适当
手轮损坏	重物撞击，长杆撬开启，内方孔磨损倒棱	避免撞击，开启时用力均匀，方向正确，锉方孔或更换手轮

续表

故障	故障原因	维修方法
压盖断裂	紧压盖时用力不均	对称拧紧螺母
闸板失灵	楔形闸板因腐蚀而关不严，双闸板的顶楔损坏	定期研磨，更换成碳素钢材质的顶楔

止回阀的常见故障、原因与维修方法见表 8–7。

止回阀常见故障、原因与维修方法表　　表 8–7

故障	故障原因	维修方法
介质倒流	1. 阀芯与阀座间密封面损伤； 2. 阀芯、阀座间有污物	1. 研磨密封面； 2. 清除污物
阀芯不开启	1. 密封面被水垢粘住； 2. 转轴锈住	1. 清除水垢； 2. 打磨铁锈，使之灵活
阀瓣打碎	阀前、阀后的介质压力处于接近平衡的“拉锯”状态，使脆性材料制的阀瓣被频繁拍打	采用韧性材料阀瓣

05 室内供暖管道常用阀门应常做的检修

阀门在安装和使用过程中，由于制造质量和磨损等原因，使阀门容易产生泄漏和关闭不严等现象，为此，需要对阀件进行检查与修理。

（1）压盖泄漏检修　填料函中的填料在压盖的压力下起密封作用，经过一段时间运行后，填料会老化变硬，特别是启闭频繁的阀门，因阀杆与填料之间摩擦力减小，易造成压盖漏汽、漏水，为此必须更换填料。

1）小型阀盖泄漏检修　小型阀门更换填料的操作，如图 8–15 所示。

小规格阀门采用螺母式盖母 4 与阀盖 1 的外螺纹相连接，通过旋紧盖母达到压实填料 2 的目的。更换填料时，首先将盖母卸下，然后用螺丝刀将填料压盖撬下来，把填料函中的旧填料清理干净，将细棉绳按顺时针方向，围绕阀杆缠上 3~4 圈装入填料函，放上填料压盖 3 并压实，旋紧盖母即可。

操作中需注意，旋紧盖母时不要过分用力，防止盖母脱扣或造成阀门破裂；如果更换后仍然泄漏，可再拧紧盖母，直至不渗漏为止。

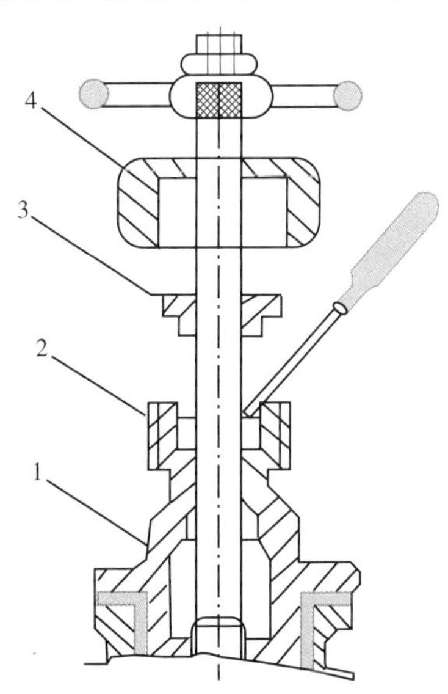

图 8–15　小型阀门更换填料操作
1—阀盖；2—填料；3—填料压盖；4—盖母

对于不经常启闭的阀门，一经使用易产生泄漏，原因是填料变硬，阀门转动后，阀杆与填料间便产生了间隙。修理时，应首先按松扣方向转动盖母，然后按旋紧的方向旋紧盖母即可。如用上述方法不见效时，说明填料已失去了应有弹性，应更换填料。

2）较大阀门压盖泄漏检修　较大规格（一般大于 *DN*50mm）的阀门，如图 8-16（a）、（b）所示。

采用一组螺栓夹紧法兰式压盖来压紧填料。更换填料时，首先拆卸螺栓，卸下法兰压盖，取出填料函中的旧填料并清理干净。填料前，用成型的石墨石棉绳或盘根绳（方形或圆形均可），按需要的长度剪成小段，并预先做好填料圈。

放入填料圈时，注意各层填料接缝要错开，如图 8-16（c）所示。

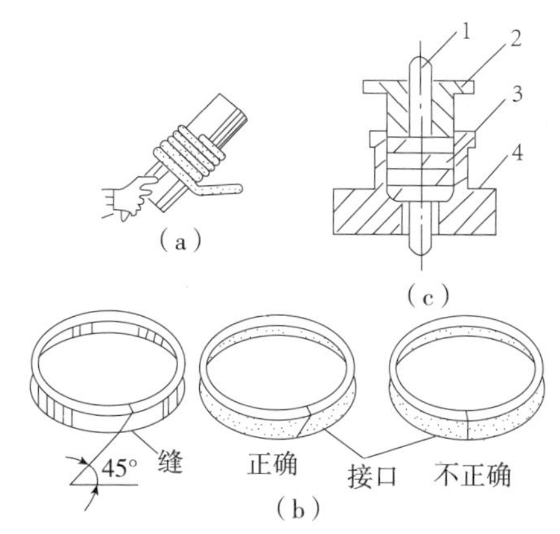

图 8-16　制备填料圈及装添排列法
（a）在木棍上缠绕填料圈；（b）填料圈接口位置；
（c）填料圈在填料函内的排列
1—阀杆；2—填料函盖；3—填料圈；4—填料函套

同时转动阀杆，以便检查填料紧固阀杆的松紧程度。更换填料时，除应保证良好的密封性外，尚需阀杆转动灵活。

（2）不能开启或开启不通汽、不通水

长期关闭的阀门常常由于锈蚀而不能开启，开启这类阀门时可用振打方法，使阀杆与盖母（或法兰压盖）之间产生微量的间隙。振打时不得用力过猛。如仍不能开启时，可加注机油或润滑油，将锈层溶开，再用扳手或管钳转动手轮，转动时应缓慢加力，不得用力过猛，以免将阀杆扳弯或扭断。

阀门开启后不通汽、不通水，可能有以下几种情况：

1）闸阀　如果检查时发现，阀门开启不能到头，关闭也关不到底，这表明阀杆已经滑扣，由于阀杆不能将闸板提上来（俗称吊板现象），导致阀门不通。遇到这种情况时，需拆卸阀门，更换阀杆或更换整个阀门。

2）截止阀　如有开启不到头或关闭不到底现象，属于阀杆滑扣，需更换阀杆或阀门。如能开到头和关到底，是阀芯（阀瓣）与阀杆相脱节，可采取下述方法修理：小于或等于 *DN*50mm 的阀门，将阀盖卸下，将阀芯取出，阀芯的侧面有一个明槽，其内侧有一个环形的暗槽与阀杆上的环槽相对应。修理时，将阀芯顶到阀杆上，然后从阀芯明槽处，将直径与环形槽直径相同的铜丝插入阀杆上的小孔（不透孔），当用手使阀杆与阀芯作相对转动时，铜丝就会自然地被卷入环形槽内，如此阀芯就被连在阀杆上了。

阀杆与阀芯的连接如图 8-17 所示。

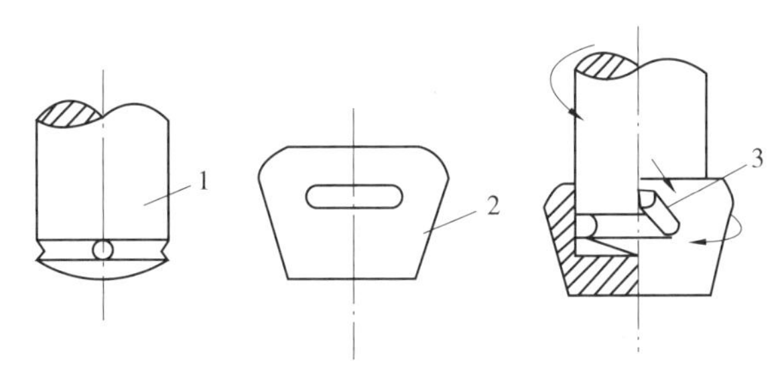

图 8-17　*DN* ≤ 50mm 阀门阀杆与阀芯的连接
1—阀杆；2—阀芯；3—铜丝

大于 *DN*50mm 的阀门，因其阀芯与阀杆连接方式较多，需在阀门拆开后，根据其连接方式和特点进行修理。

3）阀门或管道堵塞　经检查发现阀门既能开启到头，又能关闭到底，且拆开阀门见阀杆与阀芯间连接正常，这就证实阀门本身无故障，需要检查与阀门连接的管道有无堵塞。

（3）关不严或关不住

1）关不严　阀门产生关不严现象，对于闸阀和截止阀来说，可能是由于阀座与阀芯之间卡有脏物，如水垢、铁锈之类：或是阀座、阀芯有被划伤之处。

修理时，需将阀盖拆下进行检查。如果是阀座与阀芯之间卡住了脏物，应清理干净；如果是阀座或阀芯被划伤，需用研磨方法进行修理。对于经常开启的阀门，由于阀杆螺纹上积存着铁锈，当偶然关闭时也会产生关不严的现象，关闭这类阀门时，需采取将阀门关了再开，开了再关的办法，反复多次地进行后，即可将阀门关严。对于少数垫有软垫圈的阀门，关不严多因垫圈被磨损，拆开阀盖，更换软垫圈即可。

2）关不住　所谓关不住，是指明杆闸阀在关闭时，虽转动手轮，阀杆却不再向下移动，且部分阀杆仍留在手轮上面。遇到这种现象，需检查手轮与带螺纹的铜套之间的连接情况，若两者为键连接，一般是因为键失去了作用，键与键槽咬合得松，或是键的质量不符合要求，为此，需修理键槽或重新配键。

阀杆与带螺纹的铜套间非键连接的闸阀，易产生阀杆与铜套螺纹间的

“咬死”现象，而导致手轮、铜套和阀杆连轴转。产生这种现象的原因，是在开启阀门时，用力过猛而开过了头。修理时，可用管钳咬住阀杆无螺纹处，然后用手按顺时针方向扳动手轮，即可将“咬”在一起的螺纹松脱开来，从而恢复阀杆的正常工作。

阀门是用来开闭管路、控制流向、调节和控制输送介质参数的管路附件。同学们要利用好阀门进行供热调节，在满足使用要求的前提下应具有节能意识，主动加入节能减排的行动中。节能减排就是节约能源、降低能源消耗、减少污染物排放。减排项目必须加强节能技术的应用，以避免因片面追求减排结果而造成的能耗激增，注重社会效益和环境效益均衡。城市集中供热系统中设备安装施工是系统安装中的重点项目，在实现节能减排的任务目标中，起着十分重要的作用，城市集中供热系统及设备安装应使燃料消耗、电耗、人力成本等综合能耗达到最低。

（1）螺纹阀门的安装训练。
（2）法兰阀门的安装训练。
（3）填写工作页。

阀门安装训练工作页

学生姓名： 班级： 日期：

工作项目	工作内容
螺纹阀门安装操作步骤	
法兰阀门安装操作步骤	
进行螺纹阀门安装操作实训，附图示	
进行法兰阀门安装操作实训，附图示	
总 评	

实训项目 9

支架制作安装

实训目的

通过本次实践训练，使学生：
1. 掌握支架的制作过程；
2. 掌握支架的安装过程；
3. 具备社会服务意识。

实训内容

1. 进行支架的制作训练；
2. 进行支架的安装训练。

实 训 步 骤

01 支架的作用和分类

管道支架的作用是支承管道，有的也用于限制管道的变形和位移。支架的安装是管道安装的首要工序，是重要的安装环节。根据支架对管道的制约情况，可分为固定支架和活动支架。

（1）固定支架

在固定支架处，管道被牢牢地固定住，不能有任何位移，管道只能在两个固定支架间伸缩。因此，固定支架不仅承受管道、附件、管内介质及保温结构的重量，同时还承受管道因温度、压力的影响而产生的轴向伸缩推力和变形应力，并将这些力传到支承结构上去，所以固定支架必须有足够的强度。

常用固定支架的类型有：卡环式、挡板式。

1）卡环式固定支架 卡环式固定支架主要用在不需要保温的管道上（图 9–1）。

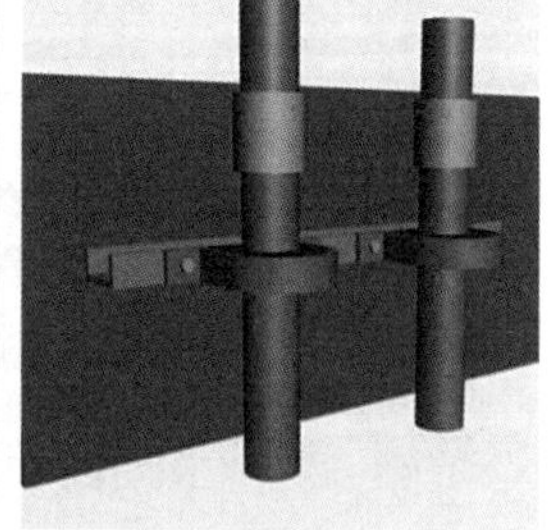

图 9–1

2）普通卡环式固定支架 用圆钢煨制 U 形管卡，管卡与管壁接触并与管壁焊接，两端套丝紧固，如图 9–2（a）所示，适用于 *DN*15~150mm 的室内不保温管道上。

3）焊接挡板卡环式固定支架 U 形管卡紧固不与管壁焊接，靠横梁两侧焊在管道上的弧形板或角钢挡板固定管道，如图 9–2（b）所示，主要适用于 *DN*25~400mm 的室外不保温管道。

卡环式固定支架 U 形管卡所用圆钢的规格见表 9–1。

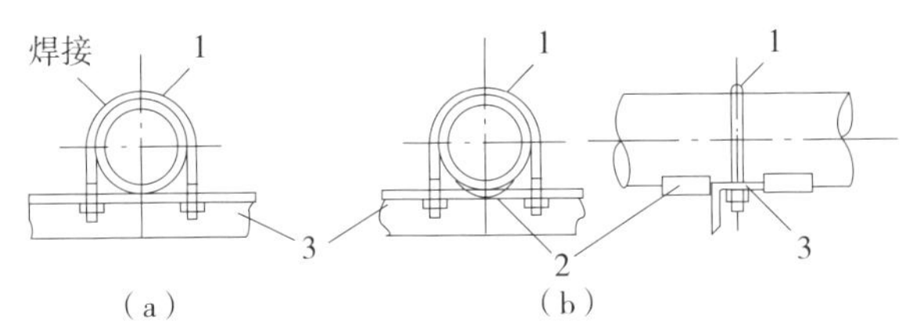

图 9–2 卡环式固定支架
(a)普通卡环式；(b)焊接挡板卡环式
1—固定管卡；2—弧形挡板；3—支架横梁

支架所用 U 形管卡规格表 表 9–1

规格 \ DN（mm）	15	20	25	32	40	50	65	80	100	125	150
圆钢直径（mm）	8	8	8	8	10	10	10	12	12	16	16
长度（mm）	92	106	114	130	144	147	193	220	261	318	364
重量（kg）	0.036	0.042	0.045	0.052	0.089	0.091	0.119	0.195	0.232	0.502	0.575

（2）挡板式固定支架 挡板式固定支架由挡板、肋板、立柱（或横梁）及支座组成。主要用于室外 *DN*150~700mm 的保温管道（图 9–3）。

图 9–3 挡板式固定支架

图 9–4 为双面挡板式固定支架，挡板和肋板有横向布置和竖向布置两种形式，可根据支架的结构形式选择；图 9–5 为四面挡板式固定支架，有推力不大于 450kN 和推力不大于 600kN 两种。

表 9–2、表 9–3 是推力小于等于 49kN 和推力小于等于 98kN 双面挡板式固定支架尺寸表，表 9–4、表 9–5 是推力小于等于 196kN 和推力小于等于 294kN 双面挡板式固定支架尺寸表，表 9–6 是四面挡板式固定支架尺寸表。

固定方式之一　　固定方式之一

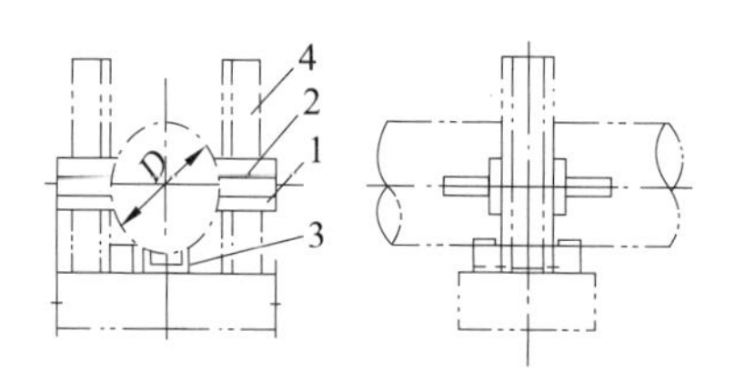

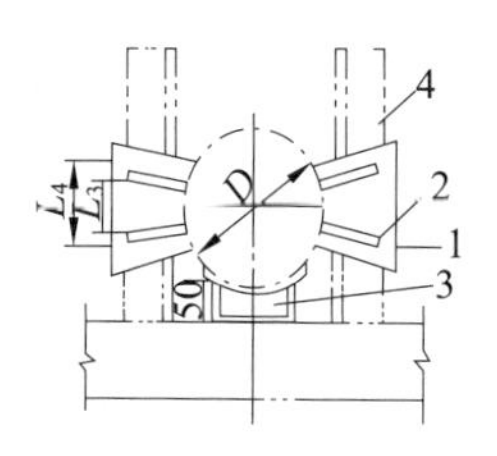

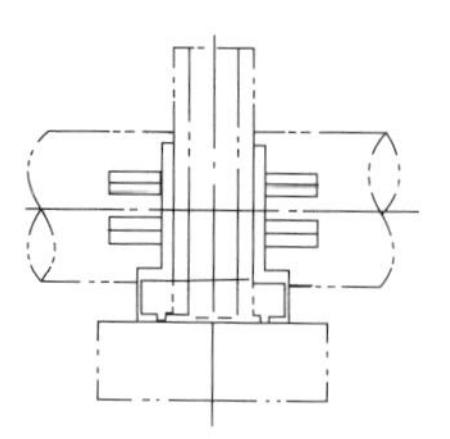

固定方式之二　　固定方式之二

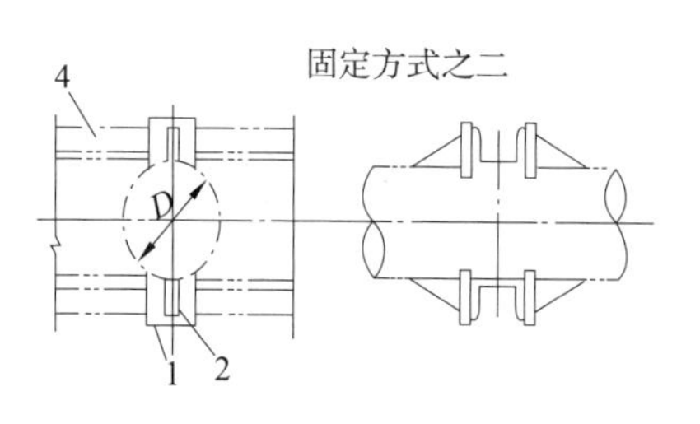

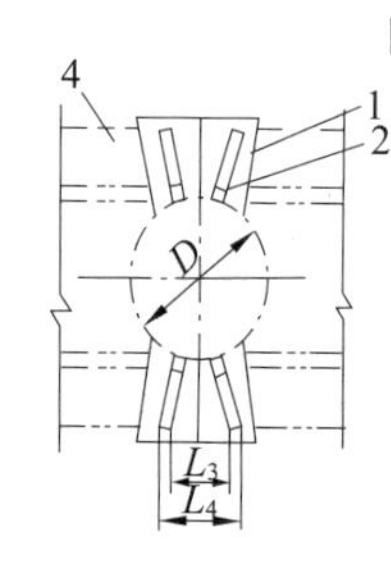

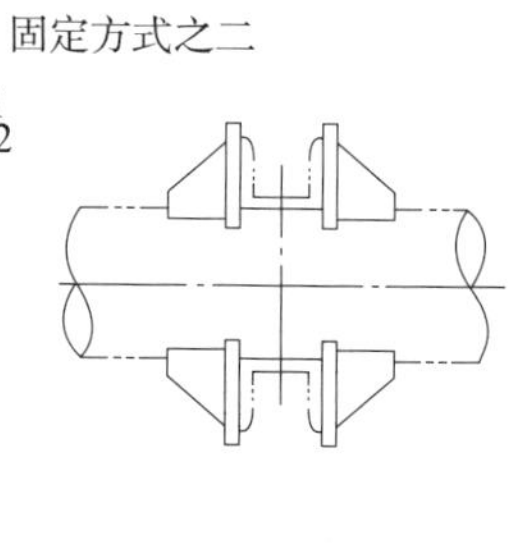

零件1　零件2　零件1　零件2

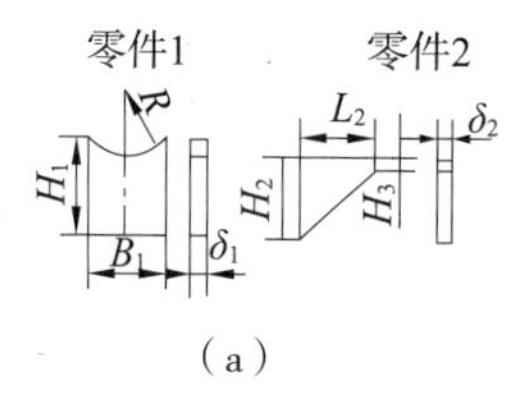

（a）

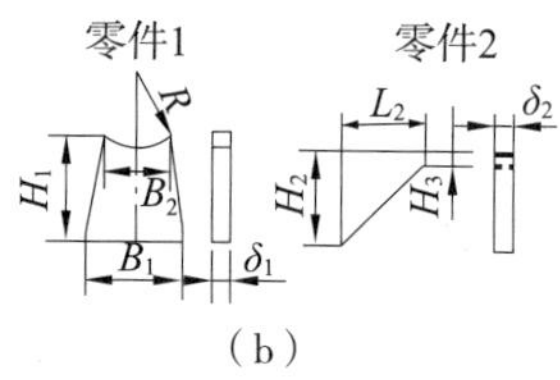

（b）

图 9-4　双面挡板式固定支架

（a）推力小于等于 50kN 和推力小于等于 100kN；

（b）推力小于等于 200kN 和推力小于等于 300kN

1—挡板；2—肋板；3—支架；4—立柱（或横梁）

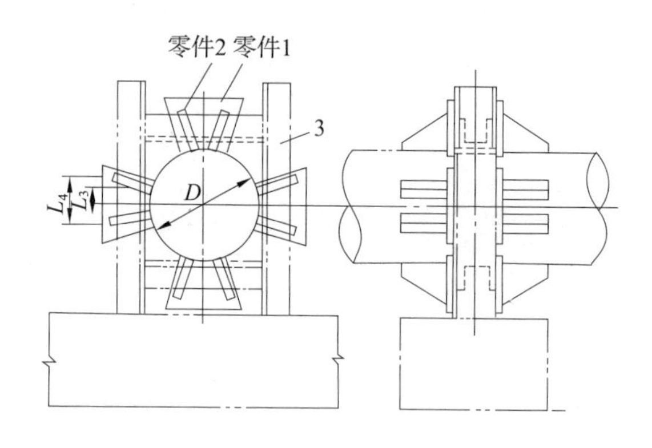

零件1　　零件2

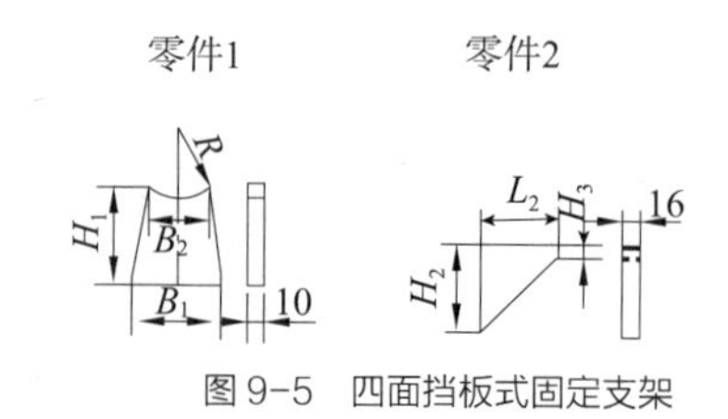

图 9-5　四面挡板式固定支架

***DN*150~600 双面挡板式固定支座尺寸 [推力≤ 49kN（5t）]** 表 9-2

零件号	1							2							总重（kg）
名称	挡板							肋板							
数量	4							4							
材料	Q235-A							Q235-A							
管子外径	尺寸（mm）				规格	重量（kg）		尺寸（mm）				规格	重量（kg）		
D（mm）	R	B_1	H_1	δ_1	（mm）	单重	共重	H_2	H_3	L_2	δ_2	（mm）	单重	共重	
159	80	60	100	10	扁钢 60×10	0.47	1.88	80	10	100	12	扁钢 90×12	0.43	1.72	3.60
219	110	80	100	10	扁钢 80×10	0.63	2.52	80	10	100	12	扁钢 90×12	0.43	1.72	4.24
273	137	80	100	10	扁钢 80×10	0.63	2.52	80	10	100	12	扁钢 90×12	0.43	1.72	4.24
325	163	80	100	10	扁钢 80×10	0.63	2.52	80	10	100	12	扁钢 90×12	0.43	1.72	4.24
377	189	100	100	10	扁钢 100×10	0.79	3.16	80	10	100	12	扁钢 90×12	0.43	1.72	4.88
426	213	100	100	10	扁钢 100×10	0.79	3.16	80	10	100	12	扁钢 90×12	0.43	1.72	4.88
478	239	100	100	10	扁钢 100×10	0.79	3.16	80	10	100	12	扁钢 90×12	0.43	1.72	4.88
529	265	120	100	10	扁钢 120×10	0.94	3.76	80	10	100	12	扁钢 90×12	0.43	1.72	5.48
630	315	120	100	10	扁钢 120×10	0.94	3.76	80	10	100	12	扁钢 90×12	0.43	1.72	5.48

***DN*200~600 双面挡板式固定支座尺寸 [推力≤ 98kN（10t）]** 表 9-3

零件号	1							2							总重（kg）
名称	挡板							肋板							
数量	4							4							
材料	Q235-A							Q235-A							
管子外径	尺寸（mm）				规格	重量（kg）		尺寸（mm）				规格	重量（kg）		
D（mm）	R	B_1	II_1	δ_1	（mm）	单重	共重	H_2	H_3	L_2	δ_2	（mm）	单重	共重	
219	110	80	100	10	扁钢 80×10	0.63	2.52	80	10	150	12	扁钢 90×12	0.64	2.56	5.08
273	137	80	100	10	扁钢 80×10	0.63	2.52	80	10	150	12	扁钢 90×12	0.64	2.56	5.08
325	163	80	100	10	扁钢 80×10	0.63	2.52	80	10	150	12	扁钢 90×12	0.64	2.56	5.08
377	189	100	100	10	扁钢 100×10	0.79	3.16	80	10	150	12	扁钢 90×12	0.64	2.56	5.72
426	213	100	100	10	扁钢 100×10	0.79	3.16	80	10	150	12	扁钢 90×12	0.64	2.56	5.72
478	239	100	100	10	扁钢 100×10	0.79	3.16	80	10	150	12	扁钢 90×12	0.64	2.56	5.72
529	265	120	100	10	扁钢 120×10	0.94	3.76	80	10	150	12	扁钢 90×12	0.64	2.56	6.32
630	315	120	100	10	扁钢 120×10	0.94	3.76	80	10	150	12	扁钢 90×12	0.64	2.56	6.32

DN300~600 双面挡板式固定支座尺寸 [推力≤ 196kN (20t)]　　表 9-4

零件号	1							2								总重（kg）
名称	挡板							肋板								
数量	4							8								
材料	Q235-A							Q235-A								
管子外径	尺寸（mm）				规格	重量（kg）		尺寸（mm）					规格	重量（kg）		
D（mm）	R	B_1	H_1	δ_1	（mm）	单重	共重	H_2	H_3	L_2	L_3	L_4	（mm）	单重	共重	
325	163	180	130	100	扁钢 100×10	1.22	4.88	80	10	150	90	110	扁钢 90×12	0.64	5.12	10.00
377	189	210	160	100	扁钢 100×10	1.45	5.80	80	10	150	100	140	扁钢 90×12	0.64	5.12	10.92
426	213	210	160	100	扁钢 100×10	1.45	5.80	80	10	150	100	140	扁钢 90×12	0.64	5.12	10.92
478	239	210	160	100	扁钢 100×10	1.45	5.80	80	10	150	100	140	扁钢 90×12	0.64	5.12	10.92
529	265	260	200	100	扁钢 100×10	1.81	7.24	80	10	150	100	140	扁钢 90×12	0.64	5.12	10.92
630	315	260	200	100	扁钢 100×10	1.81	7.24	80	10	150	100	140	扁钢 90×12	0.64	5.12	10.92

DN350~600 双面挡板式固定支座尺寸 [推力≤ 294kN (30t)]　　表 9-5

零件号	1							2								总重（kg）
名称	挡板							肋板								
数量	4							8								
材料	Q235-A							Q235-A								
管子外径	尺寸（mm）				规格	重量（kg）		尺寸（mm）					规格	重量（kg）		
D（mm）	R	B_1	H_1	δ_1	（mm）	单重	共重	H_2	H_3	L_2	L_3	L_4	（mm）	单重	共重	
377	189	210	160	100	扁钢 100×10	1.45	5.80	80	10	200	100	140	扁钢 90×16	1.13	9.04	14.84
426	213	210	160	100	扁钢 100×10	1.45	5.80	80	10	200	100	140	扁钢 90×16	1.13	9.04	14.84
478	239	210	160	100	扁钢 100×10	1.45	5.80	80	10	200	100	140	扁钢 90×16	1.13	9.04	14.84
529	265	260	200	100	扁钢 100×10	1.81	7.24	80	10	200	100	140	扁钢 90×16	1.13	9.04	14.84
630	315	260	200	100	扁钢 100×10	1.81	7.24	80	10	200	100	140	扁钢 90×16	1.13	9.04	14.84

四面挡板式固定支架尺寸表　　表 9-6

管子外径 D（mm）	推力（kN）	挡板尺寸（mm）				肋板尺寸（mm）				
		R	B_1	B_2	H_1	H_2	H_3	L_2	L_3	L_4
478	≤ 450	239	210	160	100	80	10	150	100	140
529		265	260	200	100	80	10	150	130	170
630		315	260	200	100	80	10	150	130	170
720		360	260	200	100	80	10	150	130	170
630	≤ 600	315	260	200	100	80	10	200	130	170
720		360	260	200	100	80	10	200	130	170

（2）活动支架

支承管道且允许管道有位移的支架称为活动支架。活动支架的类型较多，有滑动支架、导向支架、滚动支架、吊架及管卡和托钩等。

1）滑动支架　滑动支架的主要承重构件是横梁，管道在横梁上可以自由移动。不保温管道用低支架安装，保温管道用高支架安装。

①低支架　用在不保温管道上，按其构造形式又分为卡环式和弧形滑板式两种，如图 9–6 所示。

卡环式：用圆钢煨制 U 形管卡，管卡不与管壁接触，一端套丝固定，另一端不套丝，如图 9–6（a）所示。

弧形滑板式：在管壁与支承结构间垫上弧形板，并与管壁焊接，当管子伸缩时，弧形板在支承结构上来回滑动，如图 9–6（b）所示。

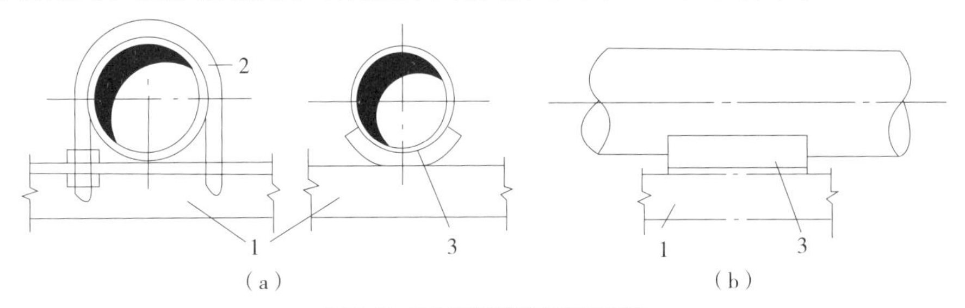

图 9–6　不保温管道的低支架安装
（a）卡环式；（b）弧形滑板式
1—支架横梁；2—卡环（U 形螺栓）；3—弧形滑板

②高支架　高支架用在保温管道上，焊在管道上的高支座在支承结构上滑动，以防止管道移动摩擦损坏保温层，其结构形式如图 9–7 所示。当高支架在横梁上滑动时，横梁上应焊有钢板限位板，以保证支座不致滑落横梁。活动支架的各部分构造尺寸、型钢规格可参照标准图集或施工安装图册进行加工和安装。

（a）

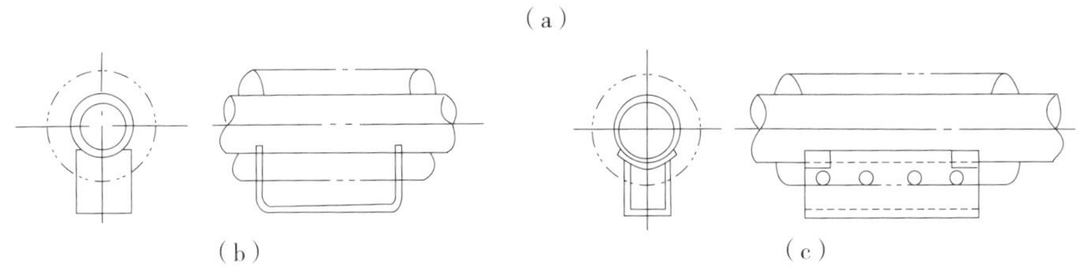

图 9–7　保温管道的高支架安装
（a）高支架；（b）*DN*20~50mm 管道的高支座；（c）*DN*70~150mm 管道的高支座

2）导向支架　导向支架是为使管道在支架上滑动时不致偏移管道轴线而设置的。它一般设置在补偿器两侧、铸铁阀门的两侧或其他只允许管道有轴向移动的地方（图 9-8）。

导向支架是以滑动支架为基础，在滑动支架两侧的横梁上，每侧焊上一块导向板，如图 9-9 所示。导向板通常采用扁钢或角钢，扁钢规格为 -30 × 10，角钢为 L36 × 5，导向板长度与支架横梁的宽度相等，导向板与滑动支座间应有 3mm 的空隙。

图 9-8　导向支架

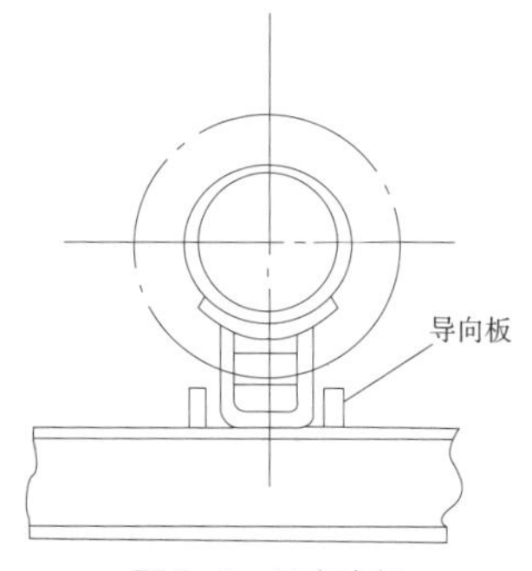

图 9-9　导向支架

3）吊架　吊架由吊杆、吊环及升降螺栓等部分组成，如图 9-10 所示。吊架的支承体可以是型钢横梁，也可以是楼板、屋面等建筑物构体，或者用图 9-11 所示的方法来固定吊架的根部。

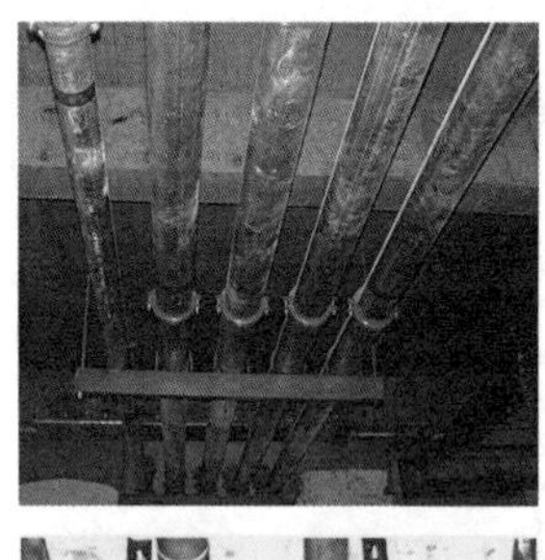

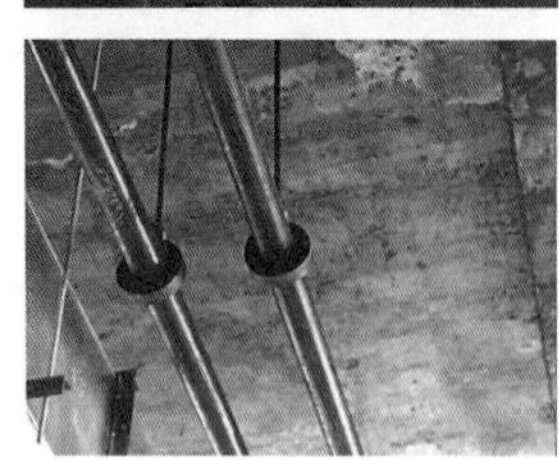

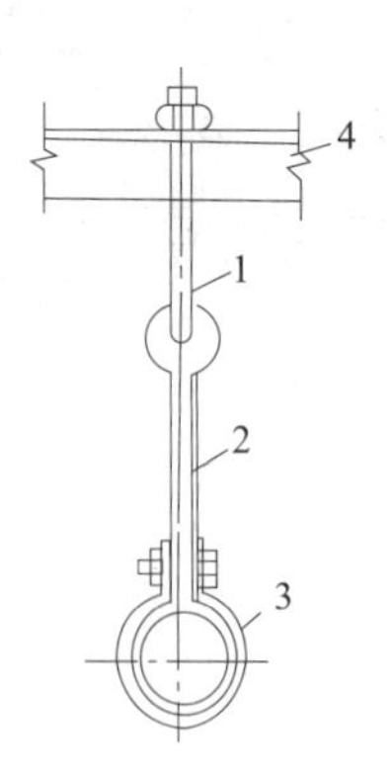

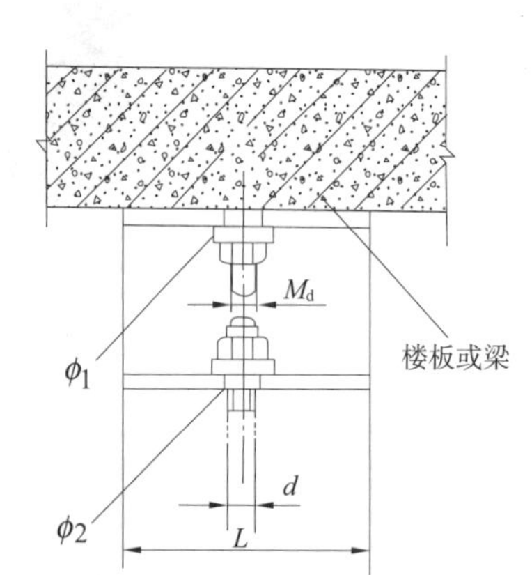

图 9-10　吊架

1—升降螺栓；2—吊杆；3—吊环；4—横梁

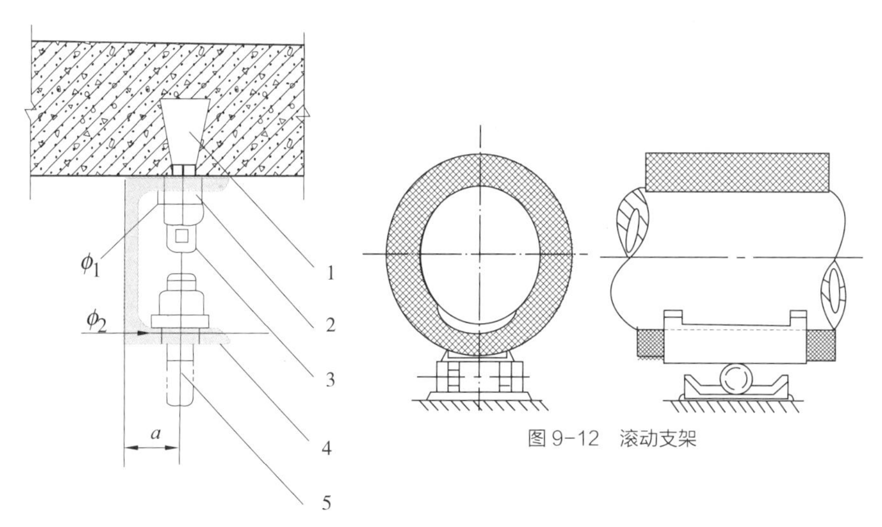

图 9-11 吊架根部的固定方法

1—膨胀螺栓；2—垫圈；3—螺母；4—槽钢；5—吊杆

图 9-12 滚动支架

4）滚动支架 滚动支架以滚动摩擦代替滑动摩擦，可减小管道热伸缩时的摩擦力，如图 9-12 所示，滚动支架主要用于管径较大而无横向位移的管道。

5）托钩与立管卡（图 9-13）

①托钩：也叫钩钉，用于室内横支管、支管等较小管径的管道固定，规格为 DN15~20mm。

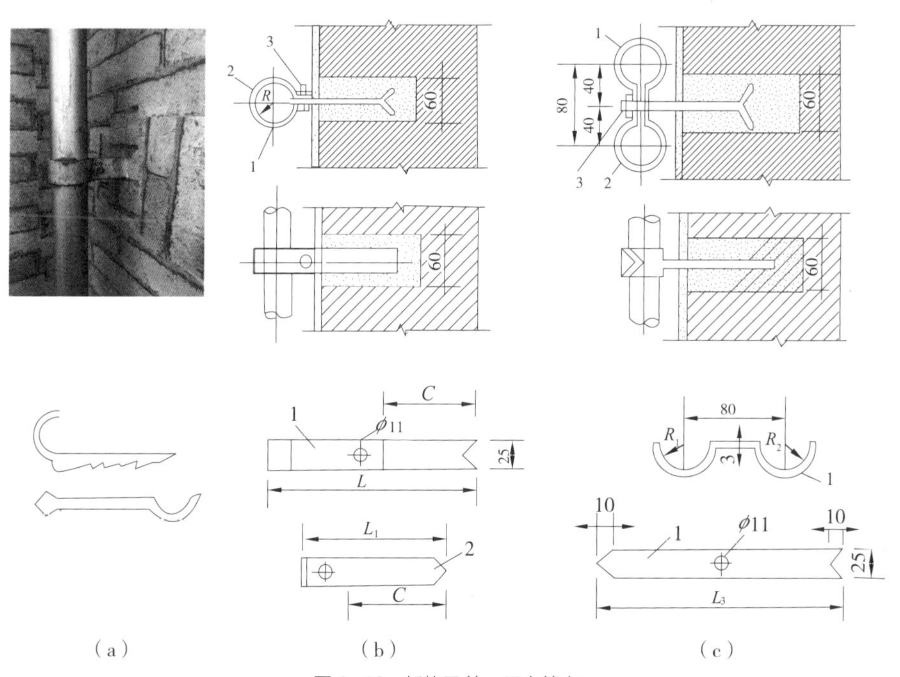

图 9-13 托钩及单、双立管卡

（a）托钩；（b）单立管卡；（c）双立管卡

1、2—扁钢管卡；3—带帽螺栓

②管卡：也叫立管卡，有单、双立管卡两种，分别用于单根立管、并行的2根立管的固定，规格为*DN*15~50mm。单立管卡制作用料展开长度见表9-7，双立管卡制作用料展开长度见表9-8。

单立管卡材料规格表 表9-7

件号	名称	数量		展开长度（mm）					
				*DN*15	*DN*20	*DN*25	*DN*32	*DN*40	*DN*50
1	管卡 −25×3	1	*L* *C*	195 35	204 40	236 56	249 69	258 78	277 97
2	管卡 −25×3	1	L_1 *R*	55 11	64 13.5	76 17	89 21.5	99 24.5	117 30.5
3	带帽螺栓 M6×14	1							

双立管卡材料规格表 表9-8

件号	名称	数量		展开长度（mm）									
				DN 15×15	*DN* 15×20	*DN* 15×25	*DN* 15×32	*DN* 20×20	*DN* 20×25	*DN* 20×32	*DN* 25×25	*DN* 25×32	*DN* 32×32
1	管卡 −25×3	2	L_3 R_1 R_2	132 11 11	1365 13.5 11	144 17 11	157 21.5 11	142 13.5 13.5	145 17 13.5	159 21.5 13.5	157 17 17	166 21.5 17	176 21.5 21.5
2	圆钢 ϕ10	1		170	170	170	170	170	170	170	170	170	170
3	螺帽 M10	1											

02 支架制作要求

（1）支架的形式、材质、规格、加工尺寸、精度及焊接等应符合设计或施工安装图册的要求。

（2）支架下料应按图纸与实际尺寸进行划线，切割应采用机械切割（无齿锯），不得采用气割。切割后，在角钢平面的两个垂直角处应进行抹角。

（3）支架的孔眼应采用电钻加工，其孔径应比管卡或吊杆直径大1~2mm，不得以气割开孔。

（4）支架焊缝应进行外观检查，不得有漏焊、欠焊、裂纹、咬肉等缺陷，焊接变形应予以矫正。

（5）加工合格的支架，应进行防腐处理，合金钢支架应有材质标记。

03 固定支架的安装位置

支架的安装位置要依据管道的安装位置确定，首先根据设计要求定出固定支架和补偿器的位置，然后再确定活动支架的位置。

固定支架的安装位置由设计人员在施工图纸上给定，其位置确定时主要是考虑管道热补偿的需要。利用在管路中的合适位置布置固定点的方法，可以把管路划分成不同的区段，两个固定点间的弯曲管段应满足自然补偿的要求，直线管段可设置补偿器进行补偿，则整个管路的补偿问题就可以解决了。

由于固定支架承受很大的推力，必须有坚固的结构和基础，因而它是管道中造价较大的构件。为了节省投资，应尽可能加大固定支架的间距，减少固定支架的数量。

固定支架间距必须满足以下要求：

（1）管段的热变形量不得超过补偿器热补偿值的总和。

（2）管段因变形对固定支架所产生的推力不得超过支架承受的允许推力。

（3）不应使管道产生横向弯曲。

根据以上要求并结合运行的实际经验，固定支架的最大间距可按表 9-9 选取，该表仅供设计时参考，必要时应根据具体情况，通过分析计算确定。

固定支架的最大间距表　　表 9-9

公称直径（mm）		15	20	25	32	40	50	65	80	100	125	150	200	250	300
方形补偿器（m）		–	–	30	35	45	50	55	60	65	70	80	90	100	115
套筒补偿器（m）		–	–	–	–	–	–	–	–	45	50	55	60	70	80
L形	长臂最大长度（m）			15	18	20	24	34	30	30	30	30			
	短臂最小长度（m）			2.0	2.5	3.0	3.5	4.0	5.0	5.5	6.0	6.0			

04 活动支架的安装位置

活动支架的安装在图纸上设计时不予给定，必须在施工现场根据实际情况并参照支架间距表 9-10 的值具体确定。

钢管活动支架的最大间距表　　表 9-10

公称直径（mm）	15	20	25	32	40	50	70	80	100	125	150	200	250	300
保温管（m）	2.0	2.5	2.5	2.5	3.0	3.0	4.0	4.0	4.5	6.0	7.0	7.0	8.0	8.5
不保温管（m）	2.5	3.0	3.5	4.0	4.5	5.0	6.0	6.0	6.5	7.0	8.0	9.5	11.0	12.0

表中确定的活动支架的最大间距，是考虑管道、管件、管内介质及保温材料的质量对管段所形成的应力和应变不得超过外载许用应力范围，经计算得出的。其中管内介质是按水考虑的，如管内介质为气体，也应按水压试验时管内水的质量作为介质质量，由表中可以看出，随着管径的增大，活动支架的间距也是在增大的。

动画：支架

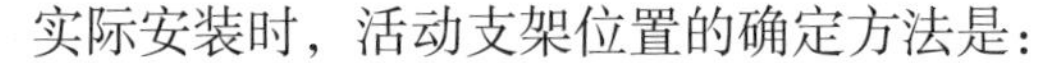

实际安装时，活动支架位置的确定方法是：

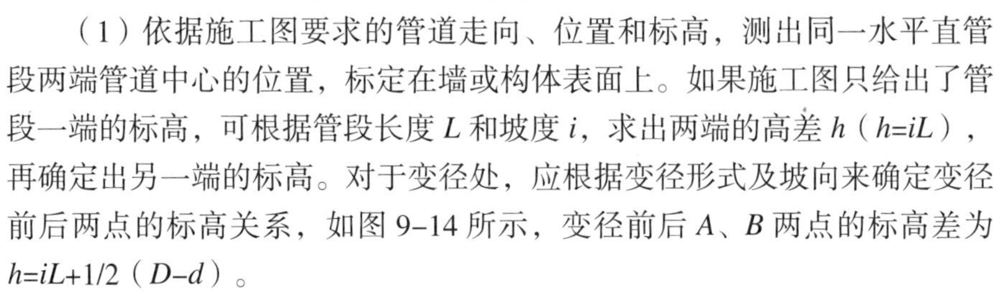

（1）依据施工图要求的管道走向、位置和标高，测出同一水平直管段两端管道中心的位置，标定在墙或构体表面上。如果施工图只给出了管段一端的标高，可根据管段长度 L 和坡度 i，求出两端的高差 h（$h=iL$），再确定出另一端的标高。对于变径处，应根据变径形式及坡向来确定变径前后两点的标高关系，如图 9–14 所示，变径前后 A、B 两点的标高差为 $h=iL+1/2(D-d)$。

微课：供热管道支架的定位

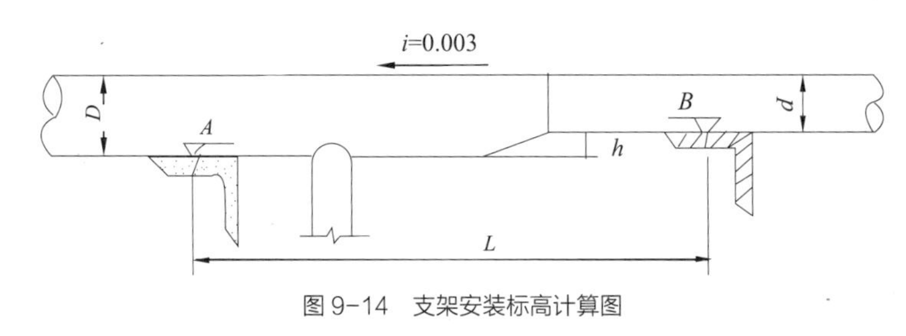

图 9–14　支架安装标高计算图

（2）在管中心下方，分别量取管道中心至支架横梁表面的高差，标定在墙上，并用粉笔根据管径在墙上逐段画出支架标高线（图 9–15）。

图 9–15

（3）按设计要求的固定支架位置和“墙不作架、托稳转角、中间等分、不超最大”的原则，在支架标高线上画出每个活动支架的安装位置，即可进行安装（图 9–16）。

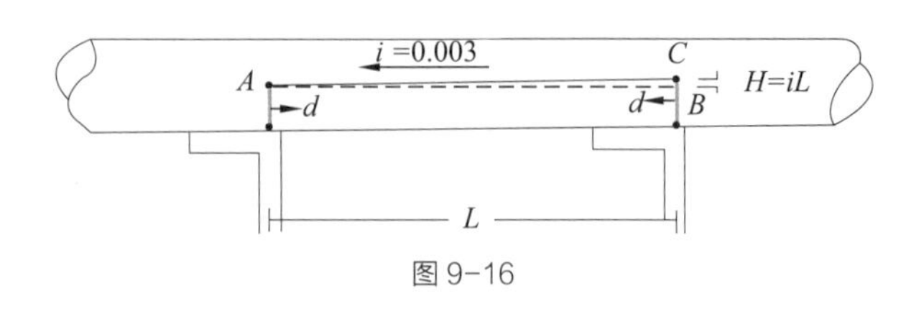

图 9–16

墙不做架　指管道穿越墙体时，不能用墙体作活动支架，应按活动支架的最大间距表来确定墙两侧的两个活动支架位置。

托稳转角　在管道的转弯处，包括方形补偿器的弯管，由于弯管的抗弯曲能力较直管有所下降，因此，弯管两侧的两个活动支架间的管道长度应小于活动支架的最大间距表中的数值。在确定两支架位置时，表中数值可作为参考，最终应使得两个支架间的弯管不出现“低头”的现象。

中间等分、不超最大　指在墙体、转弯等处两侧活动支架确定后的其他直线管段上，按照不超过表中活动支架最大间距的原则，均匀布置活动支架。

如果土建施工时，已在墙上预留出埋设支架的孔洞，或在承重结构上预埋了钢板，应检查预留孔洞和预埋钢板的标高及位置是否符合要求，并用十字线标出支架横梁的安装位置。

05 支架的安装方法

支架的安装方法主要是指支架的横梁在墙体或构件上的固定方法，俗称支架生根。常用方法有栽埋法、预埋件焊接法、膨胀螺栓法、射钉法及抱柱法等。

微课：供热管道支架施工安装

（1）栽埋法　栽埋法适用于直型横梁在墙上的栽埋固定。栽埋横梁的孔洞可在现场打洞，也可在土建施工时预留，如图 9–20 所示为不保温单管支架的栽埋法安装，其安装尺寸见表 9–11。

采用栽埋法安装时，先在支架安装线上画出支架中心的定位十字线及打洞尺寸的方块线，即可进行打洞（图 9–17）。

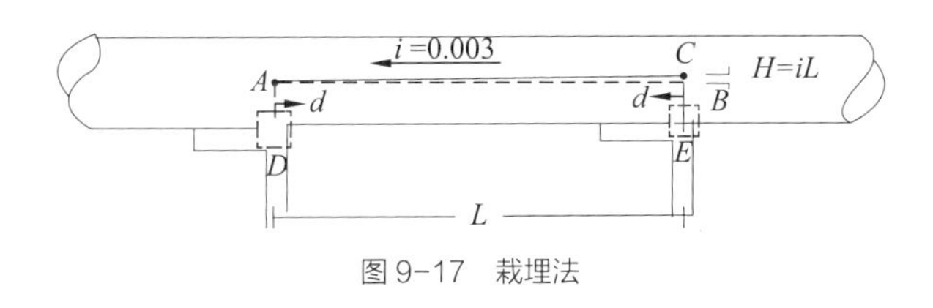

图 9–17　栽埋法

洞要打得里外尺寸一样，深度符合要求。洞打好后将洞内清理干净，用水充分润湿，浇水时可将壶嘴顶住洞口上边沿，浇至水从洞下口流出，即为浇透（图 9–18）。

然后将洞内填满细石混凝土砂浆，填塞要密实饱满，再将加工好的支架栽入洞内（图 9–19）。支架横梁的栽埋应保证平正，不发生偏斜或扭曲，栽埋深度应符合设计要求或有关图集规定。横梁栽埋后应抹平洞口处灰浆，不使之突出墙面。当混凝土强度未达到有效强度的 75%时，不得安装管道。

不保温单管支架的栽埋法安装示意如图 9–20 所示。

图 9-18

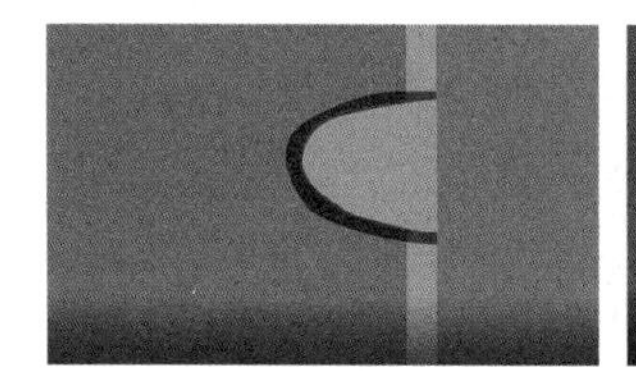

图 9-19

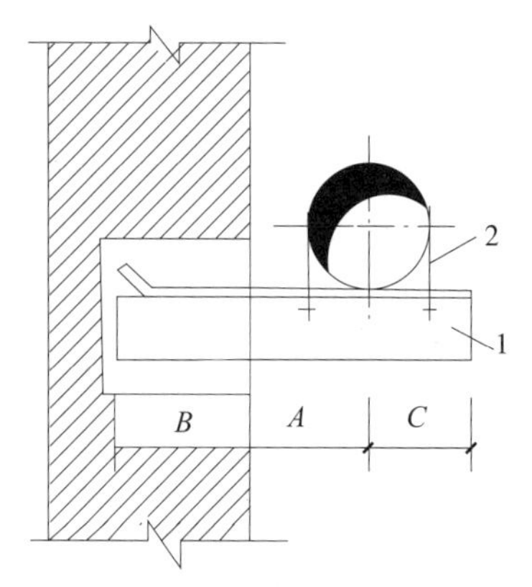

图 9-20　不保温单管支架的栽埋法安装图
1—支架横梁；2—U 形管卡

单管支架尺寸表　　表 9-11

公称直径（mm）	不保温管（mm）			保温管（mm）			
	A	B	C	A	C	E	H
15	70	75	15	120	15	60	101
20	70	75	18	120	18	60	106
25	80	75	21	140	21	60	117
32	80	75	27	140	27	80	121
40	80	75	30	140	30	80	124
50	90	105	36	150	36	80	130
65	100	105	44	160	44	80	158
80	100	105	50	160	50	80	165
100	110	130	61	180	61	120	174
125	130	130	73	200	73	150	187
150	140	145	88	210	88	150	230

（2）预埋件焊接法　在混凝土内先预埋钢板，再将支架横梁焊接在钢板上，如图 9–21 所示。

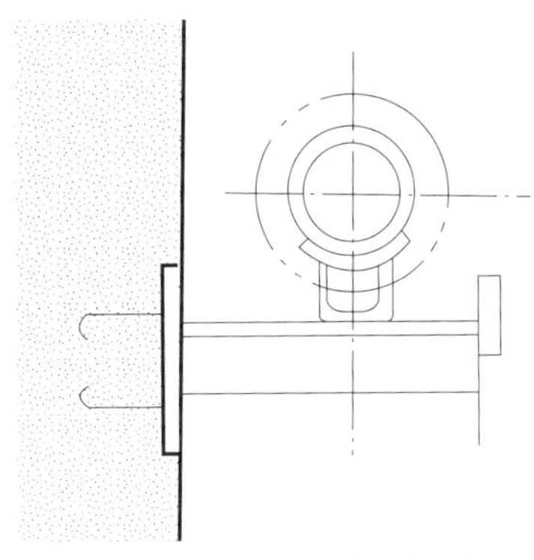

图 9–21　预埋件焊接法安装支架

单管支架预埋钢板厚度为 δ=4~6mm，对于 *DN*15~80mm 的单管，钢板规格为 150mm × 90mm × 4mm；对于 *DN*100~150mm 的单管，钢板规格为 230mm × 140mm × 6mm。钢板的埋入面可焊接 2~4 根圆钢弯钩，也可焊接直圆钢再与混凝土主筋焊在一起。支架横梁与预埋钢板焊接时，应先挂线确定横梁的焊接位置和标高，焊接应端正牢固。

（3）膨胀螺栓法及射钉法　适用于没有预留孔洞，又不能现场打洞，也没有预埋钢板的情况，用角型横梁在混凝土结构上安装，如图 9–22 所示。两种方法的区别仅在于角型横梁的紧固方法不同，目前均在安装施工中得到越来越多的应用。

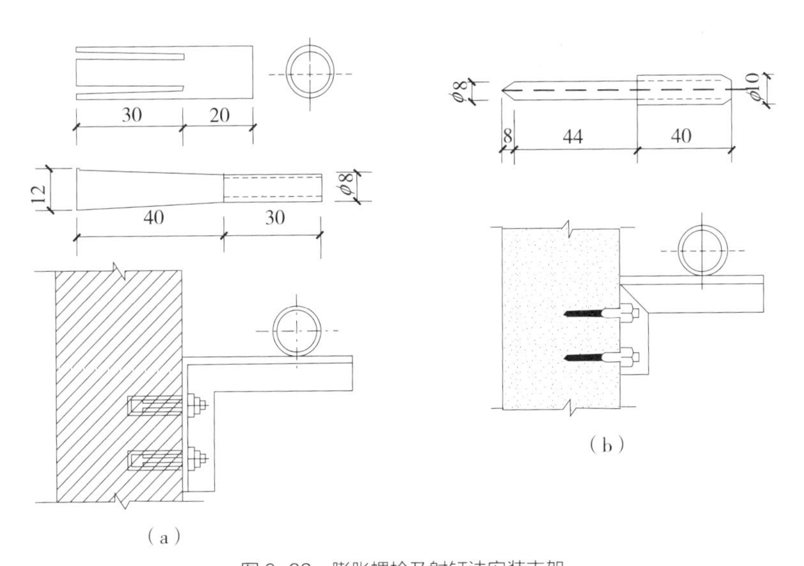

图 9–22　膨胀螺栓及射钉法安装支架
（a）膨胀螺栓法；（b）射钉法

1）膨胀螺栓法　膨胀螺栓固定支架横梁时，先挂线确定横梁的安装位置及标高，再用已加工好的角型横梁比量，并在墙上画出膨胀螺栓的钻孔位置（图 9–23）。

打钻孔后，轻轻打入膨胀螺栓，套入横梁底部孔眼，将横梁用膨胀螺栓的螺母紧固，钻孔要用手电钻进行（图 9–24）。

图 9-23

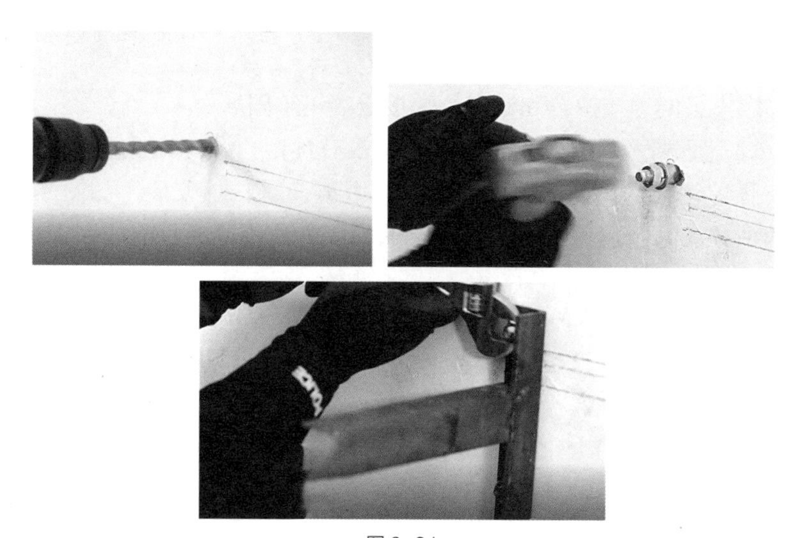

图 9-24

膨胀螺栓规格及钻头直径的选用参考表 9-12。

膨胀螺栓及钻头直径选用表　　表 9-12

管道公称直径（mm）	≤ 70	80~100	125	150
膨胀螺栓规格	M8	M10	M12	M14
钻头直径（mm）	10.5	13.5	17	19

2）射钉法　射钉法固定支架的方法基本上同膨胀螺栓法一样，即在定出紧固螺栓位置后，用射钉枪打入带螺纹的射钉，再用螺母将角型横梁紧固。射钉规格为 8~12mm。操纵射钉枪时，应按操作要领进行，注意安全。

（4）抱柱法　管道沿柱安装时，支架横梁可用角钢、双头螺栓夹装在柱子上固定，如图 9-25 所示。

安装时可用拉通线方法确定各支架横梁在柱上的安装位置及安装标高。角钢横梁和拉紧螺栓在柱上紧固安装后，应保持平正无扭曲状态。

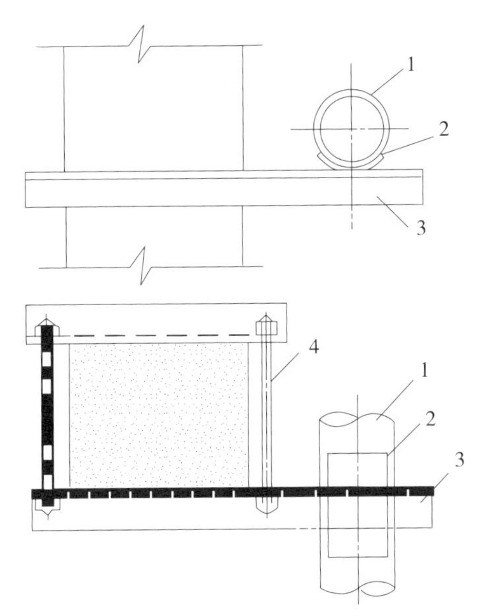

图 9-25 单管抱柱法安装支架
1—管道；2—弧形滑板；3—支架横梁；4—拉紧螺栓

06 支架安装的具体要求

（1）支架安装前，应对所要安装的支架进行外观检查。外形尺寸应符合设计要求，不得有漏焊。管道与托架焊接时，不得有“咬肉”、烧穿等现象。

（2）土建有预埋钢板或预留支架孔洞的，应检查预留孔洞或预埋件的标高及位置是否符合要求，同时要检查预埋钢板的牢固性，及预埋钢板与墙面是否平整，并清除预埋钢板上的砂浆或油漆。

（3）固定支架应严格按设计要求安装，并在补偿器预拉伸前固定。无补偿器时，在一根管段上不得安装固定支架。

（4）无热膨胀管道的吊架，其吊杆应垂直安装；有热膨胀管道的吊架，吊杆应向热膨胀的反方向偏斜 1/2 伸长量。

（5）铸铁管或大口径钢管上的阀门，应设有专用的阀门支架，不得使管道承受阀体重量。

（6）补偿器两侧至少应安装 2 个导向支架，以限制管道不偏移中心线。

（7）支架横梁栽在墙上或其他构体上时，应保证管子外表面或保温层外表面与墙面或其构体表面的净距不小于 60mm。

（8）不得在金属屋架上任意焊接支架，确需焊接时，须征得设计单位同意；也不得在设备上任意焊接支架，如设计单位同意焊接时，应在设备上先焊加强板，再焊支架。

固定支架、活动支架安装的允许偏差应符合表 9-13 规定的要求。

支架安装的允许偏差表　　表 9-13

检查项目	支架中心点平面坐标（mm）	支架标高（mm）	两固定支架间的其他支架中心线（mm）	
			距固定支架 10m 处	中心处
允许偏差	25	-10	5	25

管道支架的作用是固定管路，承受管道本身及其内部流体的重量，支架还应满足管道热补偿和位移的要求以及减少管道的振动。支架对管道起到约束和限制作用，必须严格按照施工和验收规范的要求设置。在生活中约束和限制无处不在，约束和限制能保证社会稳定并健康地不断发展，这种约束和限制是我们人人应该遵守的行为准则。无规矩不成方圆，我们生活在一个“圆”当中，这个“圆”虽然限制着我们的一些行为，但它也是为了保护我们，我们应从自身做起，让我们所生活的社会像一个圆一样规范、稳定。

（1）进行支架的制作、安装训练。

（2）填写工作页。

支架的制作、安装训练工作页

学生姓名：　　　　班级：　　　　　　　　　　日期：

工作项目	工作内容
支架定位操作步骤	
栽埋法支架安装操作步骤	
膨胀螺栓法支架安装操作步骤	
进行支架定位操作实训，附图示	
进行栽埋法支架安装操作实训，附图示	
进行膨胀螺栓法支架安装操作实训，附图示	
总　评	

实训项目 10

管道防腐

实训目的

通过本次实践训练，使学生：

1. 掌握管道的除锈方法；
2. 掌握管道及设备的防腐方法、施工程序及要求；
3. 具备环境保护意识。

实训内容

1. 进行管道的除锈训练；
2. 进行管道及设备的防腐训练。

01 室内供暖管道的防腐

微课：管道的防腐

室内供暖工程中的管道、容器、设备等常因腐蚀损坏而引起系统的泄漏，影响生产又浪费能源（图 10–1）。输送有毒介质的管道还会造成环境污染和人身伤亡事故，许多工艺设施会因腐蚀而报废，最后成为一堆废铁。金属的腐蚀原因是复杂的，而且常常是难以避免的，为了防止和减少金属的腐蚀，延长管道的使用寿命，应根据不同情况采取相应防腐措施。

防腐的方法很多，如金属镀层、金属钝化、电化学保护、衬里及涂料工艺等。在管道及设备的防腐方法中，采用最多的是涂料工艺。明装的管道和设备，一般采用油漆涂料；设置在地下的管道，多采用沥青涂料。

图 10–1

02 管道的除锈

微课：管道的除锈

为了提高油漆防腐层的附着力和防腐效果，在涂刷油漆前应清除钢管和设备表面的锈层、油污和其他杂质。

（1）除锈质量 钢材表面的除锈质量分为四个等级

一级要求彻底除净金属表面上的油脂、氧化皮、锈蚀等一切杂物，并用吸尘器、干燥洁净的压缩空气或刷子清除粉尘。表面无任何可见残留物，呈现均一的金属本色，并有一定粗糙度（图 10–2）。

二级要求完全除去金属表面的油脂、氧化皮、锈蚀产物等一切杂物，并用工具清除粉尘。残留的锈斑、氧化皮等引起轻微变色的面积，在任何部位 100mm × 100mm 的面积上不得超过 5%（图 10–3）。

一、二级除锈标准，一般可采用喷砂除锈和化学除锈的方法达到。

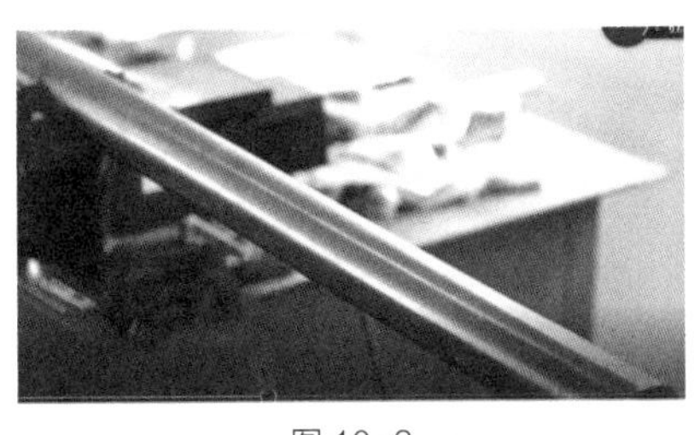
图 10-2

图 10-3

三级要求完全除去金属表面上的油脂、疏松氧化皮、浮锈等杂物，并用工具清除粉尘。紧附的氧化皮、点锈蚀或旧漆等斑点状残留物面积，在任何部位 100mm × 100mm 的面积上不得超过 1/3。三级除锈标准可用人工除锈、机械除锈和喷砂除锈的方法达到（图 10-4）。

四级要求除去金属表面上油脂、铁锈、氧化皮等杂物，允许有紧附的氧化皮、锈蚀产物或旧漆存在，四级除锈标准用人工除锈即可达到（图 10-5）。

图 10-4

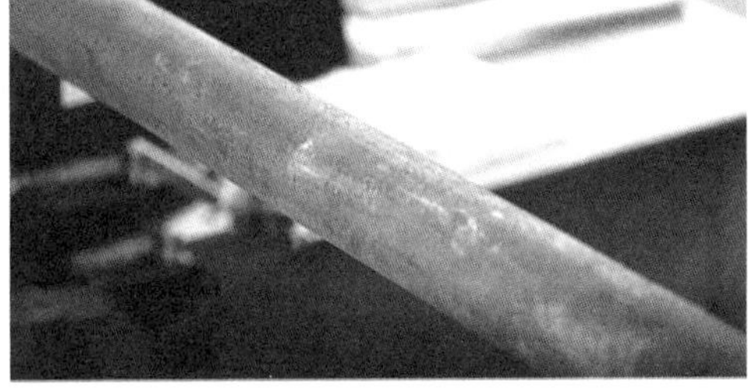
图 10-5

建筑设备安装中的管道和设备一般要求表面除锈质量达到三级。

（2）除锈方法　常用除锈的方法有人工除锈、喷砂除锈、机械除锈和化学除锈等。

1）人工除锈　人工除锈常用的工具有钢丝刷、砂布、刮刀、手锤等。当管道设备表面有焊渣或锈层较厚时，先用手锤敲除焊渣和锈层（图 10-6）。

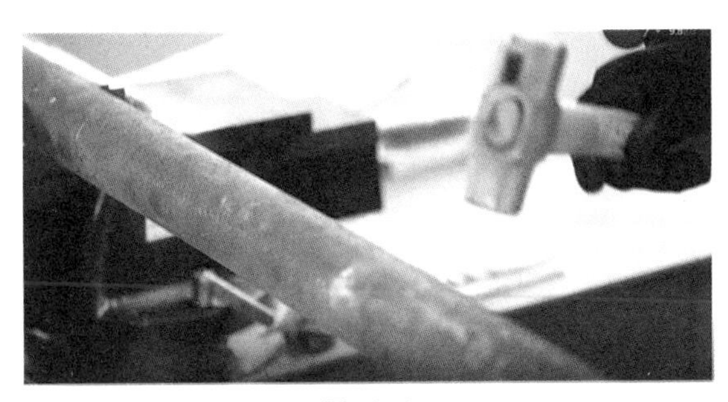
图 10-6

当表面油污较重时，先用熔剂清理油污。待干燥后用刮刀、钢丝刷、砂布等刮擦金属表面直到露出金属光泽，再用干净的废棉纱或废布擦干净，最后用压缩空气吹洗。钢管内表面的锈蚀，可用圆形钢丝刷来回拉擦（图 10-7、图 10-8）。

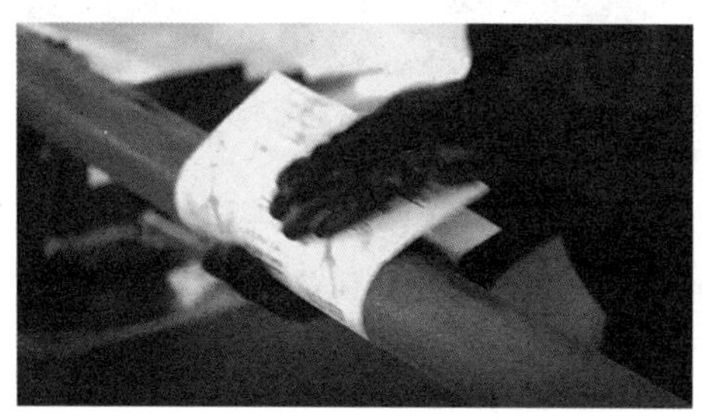

图 10-7

图 10-8

钢丝刷如图 10-9 所示。

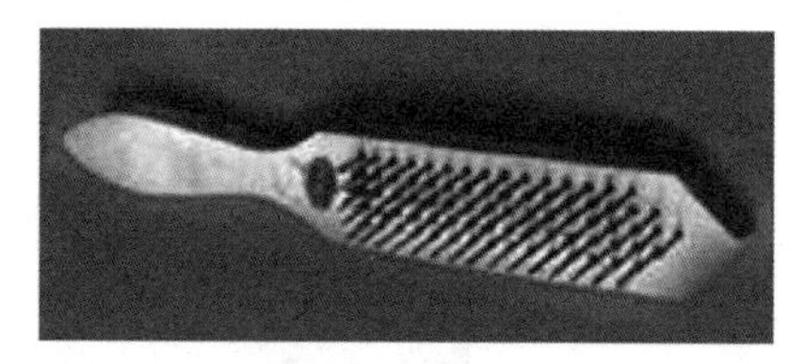

图 10-9　钢丝刷

人工除锈劳动强度大、效率低、质量差，但工具简单、操作容易，适用于各种形状表面的处理。由于安装施工现场多数不便使用除锈机械设备，所以在建筑设备安装工程中，人工除锈仍是一种主要的除锈方法。

2）喷砂除锈　喷砂除锈采用 0.35~0.5MPa 的压缩空气，把粒度为 1.0~2.0mm 的砂子喷射到有锈污的金属表面上，靠砂粒的打击去除金属表面的锈蚀、氧化皮等。

喷砂装置如图 10-10 所示。

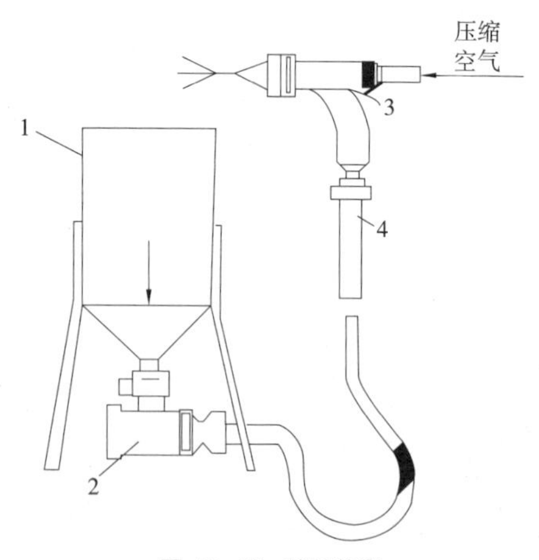

图 10-10　喷砂装置

1—贮砂罐；2—橡胶管；3—喷枪；4—空气接管

喷砂时工件表面和砂子都要经过烘干，喷嘴距离工件表面 100~150mm，并与之成 70° 夹角，喷砂方向尽量顺风操作。用这种方法能将金属表面凹处的锈除尽，处理后的金属表面粗糙而均匀，使油漆能与金属表面很好地结合。喷砂除锈是加工厂或预制厂常用的一种除锈方法。

喷砂除锈操作简单、效率高、质量好，但喷砂过程中会产生大量的灰尘，污染环境，影响人们的身体健康。为减少尘埃的飞扬，可采用喷湿砂的方法来除锈，喷湿砂除锈是将砂子、水和缓蚀剂在贮砂罐内混合，然后从喷嘴高速喷出。缓蚀剂（如磷酸三钠、亚硝酸钠）能在金属表面形成一层牢固而密实的膜（即钝化），可以防止喷砂后的金属表面生锈。

喷湿砂除锈如图 10–11 所示。

图 10–11　喷湿砂除锈

3）机械除锈　机械除锈是利用电机驱动旋转式或冲击式除锈设备进行除锈，除锈效率高，但不适用于形状复杂的工件。常用的除锈机械有旋转钢丝刷、风动刷、电动砂轮等。图 10–12 是电动钢丝刷内壁除锈机，由电动机、软轴、钢丝刷组成，当电机转动时，通过软轴带动钢丝刷旋转进行除锈，用来清除管道内表面上的铁锈。图 10–13 是电动除锈机，图 10–14、图 10–15 是除锈机除锈图片。

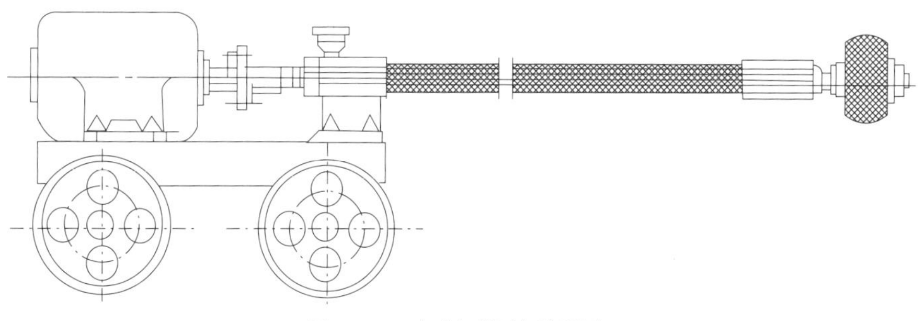

图 10–12　电动钢丝刷内壁除锈机

图 10-13　电动除锈机

图 10-14　除锈机除锈

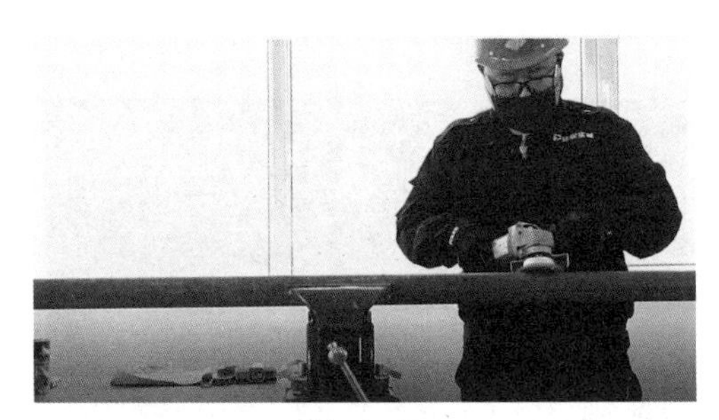

图 10-15

4）化学除锈　化学除锈又称酸洗，是使用酸性溶液与管道设备表面金属氧化物进行化学反应，使其溶解在酸溶液中。用于化学除锈的酸液有工业盐酸、工业硫酸、工业磷酸等。酸洗前先将水加入酸洗槽中，再将酸缓慢注入水中并不断搅拌，当加热到适当温度时，将工件放入酸洗槽中，应掌握酸洗时间，避免清理不净或侵蚀过度。酸洗完成后应立即进行中和、钝化、冲洗、干燥，并及时刷油漆。

03 管道及设备的涂漆方法

油漆防腐的原理就是靠漆膜将空气、水分、腐蚀介质等隔离起来，以保护金属表面不受腐蚀。常用的管道和设备表面的涂漆方法有手工涂刷、空气喷涂、高压喷涂和静电喷涂等。

（1）手工涂刷　手工涂刷是将油漆稀释调和到适当稠度后，用刷子分层涂刷。这种方法操作简单，适应性强，可用于各种漆料的施工。但工作效率低，涂刷的质量受操作者技术水平的影响较大，漆膜不易均匀。手工涂刷应自上而下、从左至右、先里后外、纵横交错地进行，漆层厚度应均匀一致，无漏刷和挂流处。

手工涂刷如图 10-16 所示。

图 10-16　手工涂刷

图 10-17　空气喷涂

（2）空气喷涂　空气喷涂是利用压缩空气通过喷枪时产生的高速气流，将贮漆罐内漆液引射混合成雾状，喷涂于物体的表面（图 10-17）。

空气喷涂中所用空气压力为 0.2~0.4MPa，一般距离工件表面 250~400mm，移动速度 10~15m/min。空气喷涂漆膜厚薄均匀，表面平整、效率高，但漆膜较薄，往往需要喷涂几次才能达到需要的厚度。为提高一次喷膜厚度，可采用热喷涂施工，热喷涂施工就是将漆加热到 70℃左右，使油漆的黏度降低，增加被引射的漆量。采用热喷涂法比一般空气喷涂法可节省 2/3 左右的稀释剂，并提高近一倍的工作效率，同时还能改变涂膜的流平性。

图 10-18 所示为油漆喷枪。

图 10-19 所示为空气喷涂后的管道。

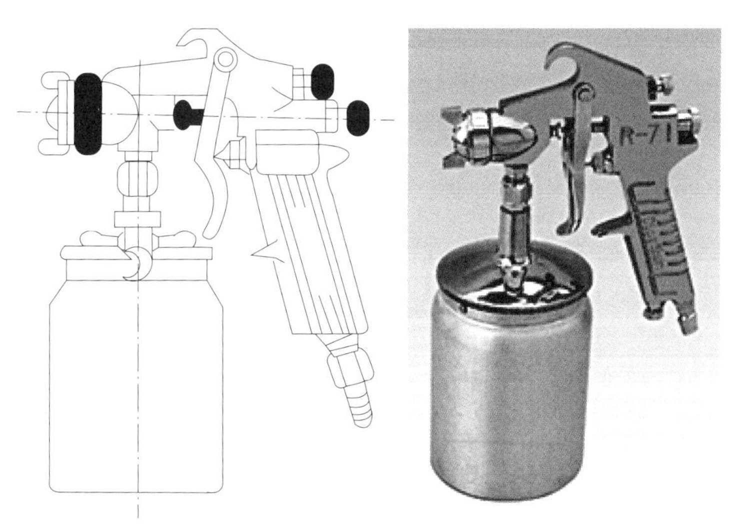

图 10-18　油漆喷枪

图10-19　空气喷涂后的管道

（3）高压喷涂　高压喷涂是将加压的涂料由高压喷枪喷出，剧烈膨胀并雾化成极细的漆粒喷涂到构件上。由于漆膜内没有混入压缩空气而带进水分和杂质，漆膜质量较空气喷涂高，同时由于涂料是扩容喷涂，提高了涂料黏度，雾粒散失少，减少了溶剂用量。

（4）静电喷涂　静电喷涂是使喷枪喷出的油漆雾粒细化，在静电发生器产生的高压电场中带电，带电涂料微粒在静电力的作用下被吸引贴覆在异性带电荷的构件上。由于飞散量减少，这种喷涂方法较空气喷涂可节约涂料 40% ~60%。

其他涂漆方法还有滚涂、浸涂、电泳涂、粉末涂等，在建筑安装工程管道和设备防腐中应用较少。

04 管道及设备涂漆的施工程序及要求

涂漆的施工程序一般分为涂底漆或防锈漆、涂面漆、罩光漆三个步骤。底漆或防锈漆直接涂在管道或设备表面，一般涂 1~2 遍，每层不能涂太厚，以免起皱和影响干燥。若发现有不干、起皱、流挂或露底现象，要进行修补或重新涂刷。面漆一般涂刷调和漆或磁漆，漆层要求薄而均匀，无保温的管道涂刷 1 遍，有保温的管道涂刷 2 遍。罩光漆层一般是用一定比例的清漆和磁漆混合后涂刷 1 遍。不同种类的管道设备涂刷油漆的种类和涂刷次数见表 10-1。

管道设备涂刷油漆种类和涂刷次数表　　表 10-1

分类	名称	先刷油漆名称和次数	再刷油漆名称和次数
不保温管道和设备	室内布置管道设备	2 遍防锈漆	1~2 遍油性调和漆
	室外布置的设备和冷水管道	2 遍环氧底漆	2 遍醇酸磁漆或环氧磁漆
	室外布置的气体管道	2 遍云母氧化铁酚醛底漆	2 遍云母氧化铁面漆
	油管道和设备外壁	1~2 遍醇酸底漆	1~2 遍醇酸磁漆
	管沟中的管道	2 遍防锈漆	2 遍环氧沥青漆
	循环水、工业水管和设备	2 遍防锈漆	2 遍沥青漆
	排气管	1~2 遍耐高温防锈漆	

续表

分类	名称	先刷油漆名称和次数	再刷油漆名称和次数
保温管道和设备	介质 <120℃的设备和管道	2 遍防锈漆	
	热水箱内壁	2 遍耐高温油漆	
其他	现场制作的支吊架	2 遍防锈漆	1~2 遍银灰色调和漆
	室内钢制平台扶梯	2 遍防锈漆	1~2 遍银灰色调和漆
	室外钢制平台扶梯	2 遍云母氧化铁酚醛底漆	2 遍云母氧化铁面漆

涂刷油漆前应清理被涂刷表面上的锈蚀、焊渣、毛刺、油污、灰尘等，保持涂物表面清洁干燥。宜在涂漆施工温度 15~30℃，相对湿度不大于 70%，无灰尘、烟雾污染的环境下进行，并有一定的防冻、防雨措施。漆膜应附着牢固、完整、无损坏，无剥落、皱纹、气泡、针孔、流淌等缺陷。涂层的厚度应符合设计文件要求。对安装后不宜涂刷的部位，在安装前要预先刷漆，焊缝及其标记在压力实验前不应刷漆。有色金属、不锈钢、镀锌钢管、镀锌钢板和铝板等表面不宜涂漆，一般可进行钝化处理。

05 油漆涂层的质量检查

油漆涂层的质量检验等级标准，目前还没有定量的技术数据指标，只能采用目测的模糊级别标准，分为四级：

一级：漆膜颜色一致，亮光好，无漆液流挂、漆膜平整光滑、镜面反映好。不允许有划痕和肉眼能看到的疵病，装饰感强。

二级：漆膜颜色一致，底层平整光滑、光泽好，无流挂，无气泡，无杂纹，用肉眼看不到显著的机械杂质和污浊，有装饰性。

三级：面漆颜色一致，无漏漆，无流挂，无气泡，无触目颗粒，无皱纹。

四级：底漆涂后不露金属，面漆涂后不漏底漆。

管道工程一般参照三级精度的要求进行施工。

思 政

我们在工作中应严格遵守相关防腐规范的要求，选择防腐材料和计算防腐层厚度，为安全生产打下牢固基础。2004 年 7 月 15 日中午，某化肥厂一条埋地输气管道发生泄漏，管道材质为钢材，规格为 Φ219mm×7.5mm，泄漏孔直径为 13.5mm，管道外壁采用石油沥青加玻璃布构成防腐层，由于多年自然环境的作用及人为破坏，防腐层破损严重。多年的维修过程中不断更换破损的防腐层，有的更换为环氧煤焦油沥青防腐层，有的更换为玻璃钢防腐层，导致整条管道防腐层多种多样。管道外腐蚀非常严重，整条管道上有多达 400 多处腐蚀坑点，以点蚀为主，最小的剩余壁厚为 0.8mm 并伴有穿孔。综上所述，管道存在的大量腐蚀缺陷是发生管道泄漏事故的主要原因，如不加强管理还可能发生更大的泄漏事故甚至燃爆事故。“安全生产无小事”，安全与个人、家庭、企业有着千丝万缕的联系，各项工作必须始终以安全工作为中心。

进行管道的除锈、防腐训练；填写工作页。

管道的除锈、涂漆防腐训练工作页

学生姓名：　　　　班级：　　　　　　日期：

工作项目	工作内容
管道的人工除锈训练操作步骤	
管道的机械除锈训练操作步骤	
管道的手工涂漆防腐操作训练步骤	
管道的空气喷涂防腐操作训练步骤	
进行人工除锈操作实训，附图示	
进行管道的机械除锈操作实训，附图示	
进行管道的手工涂漆防腐操作实训，附图示	
进行管道的空气喷涂防腐操作实训，附图示	
总　评	

参考文献

[1] 中华人民共和国国家标准 . 建筑给水排水及采暖工程施工质量验收规范 GB 50242-2002 [S]. 北京：中国建筑工业出版社，2002.

[2] 中华人民共和国国家标准 . 民用建筑供暖通风与空气调节设计规范 GB 50736-2012[S]. 北京：中国建筑工业出版社，2012.

[3] 中华人民共和国国家标准 . 暖通空调制图标准 GB/T 50114-2010 [S]. 北京：中国建筑工业出版社，2010.

[4] 中华人民共和国行业标准 . 严寒和寒冷地区居住建筑节能设计标准 JGJ 26-2018 [S]. 北京：中国建筑工业出版社，2018.

[5] 关文吉 . 供暖通风设计手册 [M]. 北京：中国建筑工业出版社，2016.

[6] 贺平，孙刚 . 供热工程 [M]. 北京：中国建筑工业出版社，1993.

[7] 王宇清 . 采暖及供热管网系统安装 [M]. 北京：机械工业出版社，2010.